教育部人文社会科学研究西部和边疆地区项目"西部生态化城镇建设道路研究"
（项目批准号：11XJA790003）

西部生态化城镇建设道路研究

关嵩山◎著

知识产权出版社
全国百佳图书出版单位

图书在版编目（CIP）数据

西部生态化城镇建设道路研究／关嵩山著．—北京：知识产权出版社，2016.9

ISBN 978-7-5130-4482-0

Ⅰ.①西… Ⅱ.①关… Ⅲ.①城乡建设—生态环境建设—研究—西北地区
②城乡建设—生态环境建设—研究—西南地区 Ⅳ.①F299.27②X321.2

中国版本图书馆 CIP 数据核字（2016）第 223788 号

责任编辑：李学军		责任出版：刘译文	
封面设计：刘　伟			

西部生态化城镇建设道路研究

关嵩山　著

出版发行：**知识产权出版社** 有限责任公司	网　　址：http：//www.ipph.cn
社　　址：北京市海淀区西外太平庄 55 号	邮　　编：100081
责编电话：010-82000860 转 8559	责编邮箱：752606025@qq.com
发行电话：010-82000860 转 8101/8102	发行传真：010-82000893/82005070/82000270
印　　刷：北京中献拓方科技发展有限公司	经　　销：各大网上书店、新华书店及相关专业书店
开　　本：787mm×1092mm　1/16	印　　张：13.75
版　　次：2016 年 9 月第 1 版	印　　次：2016 年 9 月第 1 次印刷
字　　数：236 千字	定　　价：56.00 元
ISBN 978-7-5130-4482-0	

前　言

在新型城镇化过程中，城镇化建设方向的选择和建设目标的准确定位日益成为一项重要的使命，从国外城镇改革的趋势看，生态化城镇建设已成为 21 世纪世界城镇化道路的主导模式，西部地区作为一个生态环境较为独特的欠发达区域，结合自身实际，切实走出一条低碳、环保、智能的生态化城镇建设道路，是当务之急。

"生态化城镇"是相对于传统的"城镇化建设"而言的，它并不是对传统城镇的抛弃，而是致力于规避传统城镇建设中忽视生态约束，将人的生活置身于钢筋水泥和化学材料包围中的一种突破，是一种追求更为有利于社会和谐、经济高效、生态良性循环的人类住区新形式，也是一种促进自然、城镇、人更容易融为有机整体，互惠共生的一种城镇组织结构，它的建设目标是实现人与自然的和谐，促进人更好、更全面地发展，最终达到更高的社会文明。

建设生态化城镇离不开创造性的规划设计，而创造性的规划设计需要有前瞻性的理论作指导，为此就需要开展有关生态化城镇建设的区域专题研究。西部是我国生态环境类型最为复杂、特色十分鲜明的区域，既有山地型（西南喀斯特地貌）、高原型（黄土高原、青藏高原）、过渡带型（北方农牧交错带）、内陆干旱型（内蒙西部、陇中南及河西走廊、宁夏的西海固地区和贺兰山区、新疆等）生态脆弱经济贫困地区，又有生态资源丰富经济欠发达的平原地区。复杂多样的自然生态环境使西部生态化城镇建设任务十分艰巨。因而，依据生态化城镇建设理论，结合西部地域特色，探索出具有针对性的西部生态化城镇区域实践模式，一直是学界近年来着力研究的一个重点。为此，本书试图在生态化城镇建设的一般界定、生态化城镇建设的理论依据、生态化城镇建设的必要性，西部地区生态化城镇建设的主要内容、西部生态化城镇建设的路径、西部生态化城镇建设的支撑体系和评价体系等六个方面做些探索，由于生态化城镇建设是一项开拓性的重大工作，需要在新的生态价值观指导下对当前城镇化建设理论进行创新，需要系统地研究生态化城镇建设理论、原理及其设计方法、建设路径等现实问题，可由于本人认知能力有限，所做探索一定存在不少瑕疵或纰漏，有待在未来的研究中加以克服和完善。

作者

2016 年 7 月于陕西汉中

目 录 CONTENTS

第一章 绪 论

一项统计资料显示：我国目前有 660 多座中等以上城市，小城镇更是数以千计，其中，西部地区就有重庆、成都、北部湾、滇中、关中、兰州、乌鲁木齐等七大重点城镇群，占全国 19 个重点城镇群的 1/3 以上。这些城镇群在经济高速发展的同时，也存在着人口过于密集、城镇无序发展，生态功能低下，气候灾害严重，资源可循环利用程度低，宜居水平不高等诸多问题。为此，2008 年和 2011 年，国家有关部委相继发布了《全国生态功能区划》和《全国主体功能区规划》，两部规划都将生态功能区建设作为推进新型城镇化的重要指向。西部七大重点城镇群及属地既属于国家重要的生态功能区域，又是转移生态移民的战略要地，肩负着以新型城镇化来推进区域经济协调发展的重要使命。因此，以西部城镇群为研究对象，探索一条集绿色、循环、低碳、智能为一体的生态城镇化建设道路，就是一项十分重要的战略选择。

一、国内外研究现状述评

（一）国外研究现状

国外对生态化城镇建设的探索起源较早，主要观点有：（1）1987 年，国际生态城镇化建设创始人美国生态学家理查德·雷吉斯特（Richard Register）认为，生态城镇化建设即建设生态健康的城镇，城镇建设原则不仅包括土地开发、城市交通和物种多样性等自然属性，还涉及建设城镇社会公平、法律、技术、经济、生活方式和公众的生态意识等社会属性。（2）1984 年以后，前苏联生态学家 N. 扬诺斯基等学者还就生态城镇化建设的内涵、主要特征、指标体系、规划思路与方向、规划目标及实施步骤等方面进行了研究与探索。

（3）1990 年，在美国召开的第一次国际生态城市会议（the international ecological city meeting）上，提出了依照生态原则塑造都市和城镇的建言；1996 年第三次会议上提出建设生态城镇的十项原则。（4）根据国外学者的研究，生态城镇化建设的模式主要有：循环经济推动模式；"零碳"模式；公交引导模式；社区驱动模式；项目推动模式；紧凑型发展模式。（5）伴随研究的进展，国外已有不少国家的生态城镇建设取得了成功：一种是以"绿色城镇"（green town）为目标，强调增加绿色要素和空间，如英国；一种是制定生态城镇化建设标准，推行生态预算，创建生态城镇，如美国、澳大利亚、南非、新加坡等都比较成功地进行了生态城镇化建设实践。（6）综合国外学者的观点，生态城镇化建设应具备的特征有：注重人与环境的和谐；整体协调发展和可持续性；效率性和地域性；以及"碳的零排放"（zero discharge of carbon）等。

（二）国内研究现状

通过 CNKI 中文期刊数据库、万方数据库、中国国家数字图书馆等网站查询自 1980 年至 2013 年 30 余年间国内学界关于生态城镇化建设的研究成果，主要观点有：（1）袁成达（2013）等认为，生态城镇化是以生态文明建设为主题，以城镇总体生态环境、产业结构、社区建设、消费方式的优化转型为出发点和归宿，以方便、和谐、宜居、低碳为目标的新型城镇化发展道路。（2）黄光宇（2012）、张坤民（2013）等从经济高效度和自然生态和谐度角度设计了生态城镇化建设的评价指标体系。（3）李晓梅（2012）认为，生态城镇化建设的动力机制有：分工演进的城镇化；二元经济结构"推—拉"作用下的城镇化；集聚经济理论的城镇化；中小城镇主导型城镇化。（4）季昆森（2010）从循环经济的角度探讨了生态城镇化建设问题。（5）仇保兴（2011）、于立（2012）从新型城镇化、生态城镇建设存在问题的角度论述了生态城镇化建设理论和实践问题。（6）张启銮等（2012）从组合赋权的角度做了生态评价模型及 10 个副省级城市的实证研究；李爱梅等（2013）从地域生态承载力角度构建了城镇化评价模型。（7）常国华、康玲芬、张永利、钱国权、王太春（2013）等从环境友好型、资源节约型、绿色产业型、循环经济型、景观休闲型、绿色消费型、综合创新型等角度作了生态城镇化建设类型研究。（8）袁成达（2013）认为，生态城镇化建设的特征是生态化、人本化、个性化和循环利用。（9）崔建波、赵廷刚、包晓雯（2013）等就生态城市形态的设计与规划、评价指数与模型作了科学构建。（10）陈优华（2011）、冯奎（2010）从城镇生态经济理论和实践的角度论述了西部生态城镇化建设路径和评价模型。

（三）对国内外学者研究的评价

国外学者对生态城镇建设的探索较早，进行了不同程度的论述，积累了一些可借鉴的理论观点和研究资料。相对于国外，国内学者对生态城镇化建设理论作了20多年的深入研究，取得了前所未有的成绩，但客观地看，还存在不足：一是深层次理论提炼不够。除一些专题性或知识性、包容性的论著以外，至今尚不多见系统研究生态城镇化建设理论和实践方面的高质量论著。二是定量分析与实证分析不够多。大多数论著都是定性分析，叙述过多，缺乏定量分析与评价，更少见针对特定区域如西部地区的实证分析研究论著。三是研究生态城镇建设效果的评价标准适应性不强。四是生态城镇化建设难点和突破途径方面的研究文献较为短缺。另外，有关生态城镇化建设的资料性工具书，如大事记、论文目录索引、数据库等也亟待加强。

二、研究的价值和意义

（一）研究的价值

1. 在理论上，本研究试图在吸纳和扬弃已有研究成果的基础上，通过创新研究思路、拓展研究视域、优化研究方法、整合研究资源，为西部生态城镇化建设道路构建理论模型，借以深化城市经济学理论，推进城市经济学学科发展。

2. 在实践上，本研究试图为西部生态城镇化建设实践提出制度性建议和政策设计框架。

（二）研究的意义

生态城镇化建设道路是一条集约、智能、绿色和低碳的新型城镇化特色发展之路，研究以城市经济学和生态经济学创新理论为依托，试图通过细致的调研、缜密的分析，探索出符合中国国情的西部生态城镇化建设道路，是避免新型城镇化少走弯路，多出成效的重要选择，具有多重现实意义：一是有助于西部地区在新型城镇化过程中实现"资源—环境—人居"的和谐统一；二是有助于克服西部地区"生态脆弱"与"资源富集"的矛盾，推进西部生态城镇化建设过程的可监测和建设效果的可衡量。

三、研究的主要内容、基本观点、研究思路、研究方法、创新之处

（一）主要内容

拟研究的内容包括五个部分。

1. 西部生态城镇化建设理念及理论基础研究。将从先进国家和地区生态城镇化建设理念的成型及演变、西部城镇群建设理念变迁简史、西部生态城镇化建设理念及理论重塑、西部生态城镇化建设理念的制度化与法制化内容和方式设计等方面展开研究。

2. 西部生态城镇化建设的审视性研究。将从现行生态城镇化建设现状；政策框架、基本规制、建设路径；现行建设过程的实证性、典型建设范例；建设的必要性；现行西部生态城镇化建设效果评价等方面展开审视性研究。

3. 西部生态城镇化建设的主要内容研究。将聚合多学科方法，拓展研究视域，准确定位生态城镇化建设道路的内涵，重点研究西部生态城镇化建设的背景、目标、条件、机制机理、建设策略以及制约因素和面临的困难等问题。同时也对国家宏观政策取向、制度创新、建设效果评价等问题进行研究。

4. 西部生态城镇化建设模式和建设路径研究。将从基于集聚经济理论的城市群发展模式；基于循环经济理论的生态工业、生态农业、生态服务业、生态居住和生态消费模式来寻求西部城镇群生态城镇化建设模式和路径：一是对原有城市的生态型重塑，打造集绿色、循环、低碳、智能为一体的大城市群；二是利用循环经济理论和现代生态工程技术规划和打造具有名、特、新等优势的西部特色中小生态城镇群。

5. 西部生态城镇化建设指标体系及支撑体系研究。将在整理已有研究成果和统计分析国内建设实践经验的基础上，结合西部城镇群的建设特色和成就，运用定量分析方法来研究环境承载力，土地生态经济适应性，宜居城镇环境质量控制标准等方面的问题。同时将"恩格尔系数""基尼系数"等经

济指标，将"犯罪率"等法律指标，将"幸福指数"等社会指标纳入其中，构建能够涵盖经济、社会、自然环境等要素的生态城镇化建设指标体系和支持体系。

（二）基本观点

1. 西部生态城镇化建设依据的理论是生态文明理论、可持续发展理论、生态经济理论和循环经济理论，建设的原则是生态平衡、协同发展、差异性发展。具体应以科学规划、集约高效、功能完善、特征鲜明、环境友好、社会和谐、城乡一体为西部生态城镇化建设的基本标准。

2. 西部生态城镇化建设的战略是实行城镇体系网络化构建战略、交通网络带动战略、新兴工业化和新型城镇化互动战略、生态城镇群建设战略、城乡统筹战略和城镇化建设与管理创新战略。

3. 西部生态化城镇区域实践的路径。生态化城镇的形成有两种途径：一是原有城镇的生态型重塑，二是利用现代生态理念和生态工程技术进行规划和设计，以打造具有名、特、稀、新等特色的生态化新城镇。

4. 西部生态城镇化建设的推进方式和策略是依托区域集镇发展重点城镇，依托生态产业建设生态城镇。主张实行中心城市（群）带动和特色中小城镇互动的差异化推进策略。

5. 西部生态城镇化建设的支撑体系是公平的政策环境。通过资源税费改革，流域生态补偿机制和加强生态环境立法等，优化西部区域经济外部性，实现资源收益公平分配，确保资源的可持续利用，保护城镇群的良好生态环境。

（三）研究思路、研究方法、创新之处

1. 研究思路。在对国内外有关生态城镇化建设理论和实践演变梳理的基础上，提出研究视角——西部生态城镇化建设道路研究。通过阐述生态城镇建设的理论依据和实践基础，提出了西部生态城镇化建设的理念、内涵、目标、方法、支撑体系、推进机制、建设模式及评价模型等，进而进行实证研究，最后提出政策建议。

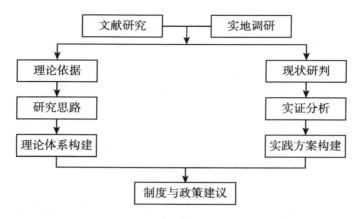

图 1 - 1 本书技术路线图

2. 研究方法。

系统研究的方法。把西部生态化城镇化建设道路研究作为一项系统工程来对待，从资源整合、建设思路和重点难点突破三方面来寻求研究主线。

多学科交叉的研究方法。课题将追踪国际国内前沿，集成生态学、城市地理学、区域经济学、生态经济学、城市经济学、生态哲学等学科优势，运用各学科的具体方法和理论来研究西部生态化城镇化建设道路。

实证研究的方法。将在调查研究的基础上，从建设的规律和建设途径入手，总结出相应的理论观点和政策建议。

3. 创新之处。

第一，理论层面：课题试图以城市经济学和生态经济学的学术创新理论为依据，运用系统化的视角，多学科交叉和实证研究方法来破解制约生态城镇化建设的理论难题，进而构建起能指导西部生态城镇化建设科学推进的理论体系。

第二，实际层面：课题以提升西部城镇群建设质量和建设能力为导向，确立建设目标，整合建设资源，创新建设思路，优化建设模式，凝练出具有指导和操作功能的西部生态城镇化建设方案和建设路径。

第二章　生态化城镇建设的一般界定

生态化城镇建设是一项长期而艰巨的工作，需要在理论和实践方面吸纳和借鉴国内外已有成果的基础上结合我国实际进行创新，为此，需要对国内外的现状作出梳理和回顾。

一、国内外有关生态化城镇建设的理念沿革

（一）生态化城镇的缘起

生态化城镇思想最早萌芽于中国。我国古代人们在选择地点建房、建立城镇时，选址往往会综合考虑天文、地理、气象等条件，其中就蕴涵着丰富的生态化氛围和思想，这对今天的生态城镇化建设有理论与实践方面的意义。

生态化城镇的思想理念，起源于 1852 年欧文提出的"协和新村"和 1898 年霍华德（Edward Howard）提出的"田园城市"。霍华德当初所倡导的是一种社会改革思想，即用城乡一体的新的社会结构来取代城乡分离的旧的社会结构形态。苏联生态学家 N. 扬诺斯基（O. Yanitsky）最早提出生态城市这一概念。他认为生态化是最为理想的城市模式，因为它实现了技术与生态充分融合，居民的身心健康和环境的质量得到最大限度的保护，形成物质、能量、信息高效利用和生态良性循环的人类聚居地。1971 年，联合国教科文组织在"人与生物圈"计划中，首次提出了"生态城市"这一理想城市模式。1992 年第二届国际生态城市会议上，澳大利亚建筑师唐顿（P. F. Downton）认为，生态城市就是要在人类社会内部及人与自然之间实现生态上的平衡，而且应包括道德伦理和人们对城市进行生态修复的一系列计划。美国生态学家雷吉斯特指出，生态城市是指生态健康的城市，即寻求的是紧凑、充满活力、节能并与自然和谐共存，人与自然健康发展的聚居地。

国内外学者对生态化城镇的描述，虽然众说纷纭，但都强调社会、经济、自然应当和谐相处与发展，可见，生态化城镇应是一个经济发达、社会繁荣、生态保护三者高度和谐，城乡环境清洁、优美、舒适，技术与自然充分融合，并能最大限度地发挥人的创造力的人工生态复合系统，这个系统要有利于提高城市的稳定、协调、可持续发展。生态城市是人类社会发展到一定阶段的必然产物，也是现代城市文明的象征，它不仅是城市这个生态系统的稳定成熟状态，而且也是人类社会经济发展、社会文明、文化和谐的一种美好境界。

我国的生态化城镇研究起步较晚，20 世纪 80 年代，随着城市生态问题的日益严重，我国开始对生态化城镇进行研究与实践。一些生态专家提出生态城市是应用生态工程、社会工程、系统工程等现代科学与技术手段而建设的社会、经济、自然可持续发展，居民满意，经济高效，生态良性循环的人类居住区，并从社会生态文明度、经济生态高效度和自然生态和谐度三个方面提出了生态城镇化的建设指标。其中，生态城市理论在我国城市发展建设中得到广泛的推广和应用。山水城市、绿色城市、园林城市等成为我国城市规划设计的常用术语，生态功能区划和生态用地结构得到重视。目前我国学术界比较一致的看法是，生态化城镇是从全局和系统的角度应用生态学基本原理而建立的，是人与自然和谐相处、物质循环良好、能量流动畅通的生态系统。

（二）生态化城镇的内涵

生态化城镇是以实现人与人和谐、人与自然和谐以及自然系统和谐，即"人—社会—自然"和谐为其发展目标的，是结构和功能符合生态学原理，社会—经济—环境复合系统良性运行，社会、经济、环境协调发展，物质、能量、信息高效利用，生态良性循环的人类聚居地。因此，生态化城镇具有如下内涵。

1. 生态化城镇的时空定位。

从时间角度说，生态化城镇是人与自然关系转变的基本结果，城市发展演变必然的趋势，生态文明的基本表征，解决现代城市问题的基本手段，也是 21 世纪城市建设的核心选择。

从空间角度来说，生态化城镇是一个由生态支持系统、生产发展系统、生活服务系统以及综合协调系统四个子系统组成的具有生态、生产、生活和协调四大功能的复杂适应系统。

2. 不同学科对生态化城镇的解释。

从生态学角度来看，生态化城镇是运用生态学原理和方法，指导城乡发展而建立起来的空间布局合理，基础设施完善，环境整洁优美，生活安全舒适，物质、能量信息高效利用，经济发展、社会进步、生态保护三者保持高度和谐，人与自然互惠共生的复合生态系统。

从地理学等角度来看，生态化城镇是其结构和功能复合生态学原理，社会—经济—环境复合生态系统良性运行，社会、经济、环境协调发展，物质、能量、信息高度开放和高效利用，居民安居乐业的城镇。

此外，还可以从其他学科来理解。系统学：生态化城镇是一个由社会—自然—经济组成的复合生态系统。组织学：生态化城镇是在人工及自组织融合作用下形成的复杂适应性系统。社会学：生态化城镇是一个生态价值观、生态伦理观、生态意识为主导观念，社会公正、平等、安全、舒适的人居环境。经济学：生态化城镇是一个以生态技术为基础、建立生态产业为手段、发展循环经济为目的的理想经济运行系统。美学：生态化城镇是一个结构合理、功能完善、生态建筑为主、人工与自然环境融合、体现生态美学的人工自组织系统。地理学：生态化城镇是一城市化区域、城乡二重体，是全球或区域生态系统中分享其公平承载能力份额的可持续子系统。

3. 从价值取向、经济结构和思维方式理解生态化城镇内涵。

从价值取向看，生态化城镇倡导人与自然、人与社会以及自然与社会和谐的绿色文明理念。工业革命以来，人类改造自然、征服自然的能力大大增强，城镇成为社会的政治、经济、文化活动中心，但人类与自然的矛盾也日趋尖锐，自然与人类的关系变为人类试图不断战胜、征服自然和自然对人类的不当行为进行惩罚的对立关系，致使以工业文明为价值取向的城镇难以进一步健康发展，于是建设一个人口、经济、环境、社会相协调的生态化城镇，成为城镇发展、特别是大中城市及城市群发展的必然方向。可以预见，在未来的绿色文明时期，经济发展、城市建设与社会、文化、人口、资源、环境、生态的协调发展将成为人类的共识，自然与人类共生共荣将成为人类的自觉追求，绿色文明理念必将成为生态化城镇建设的基本价值取向，因为绿色文明理念是由人与自然环境的协调、人与社会环境的协调以及自然与社会环境的协调而形成的社会价值观、伦理观和道德观，它是人类社会发展的客观需要和必然归宿。

从经济结构演变看，生态化城镇强调以知识、信息的生产与分享为特征的知识经济必将取代以资源的消耗和环境的污染为特征的传统经济。在传统城镇中，第一、第二产业居于主导地位，产业重点也集中于以生物资源、能源和矿产资源消耗为主的机械加工、装备制造、电子技术、航空航天、材料工业及生物医药产业，走的是一条高消耗、低效益、高污染的路子，产品的附加值主要来源于生产和制造环节，这虽然是发展中国家工业化的常规道路，但毕竟造成产能过剩的后果，缺乏可持续发展的优势。在严重的产能过剩背景下，随着互联网时代的到来，众创、众筹的创新环境促使社会做出了"大众创业、万众创新"的政策选择，对于生态化城镇建设来说，知识化、生态化的趋势要求产业结构趋于轻型化，即第二产业将退居次要地位，而以金融保险、信息、知识的生产与共享、物流贸易、教育科研等第三产业成为城市的主导产业，耐用消费品、宇航、计算机、原子能、生物技术、新型合成材料、创意产业、智慧产业等将迅速发展。产品的附加值也主要源于研究开发部门和营销服务部门，知识、技术、人力资本成为经济增长的决定性因素，经济增长方式更是强调以最小的物耗、最轻的污染、最快的速度、最低的代价带动生态化城镇的经济增长。

从思维方式看，生态化城镇的发展不是追求社会、经济和生态各个子系统发展的最优化，而是追求在一定约束条件下的整体发展最优。生态化城镇是社会—经济—自然的复合生态系统，它强调结构合理、功能稳定、动态平衡。生态化城镇发展不是单纯的经济问题、社会问题或者环境问题，也不是经济、社会、生态三个方面发展的简单相加。因为社会、经济、生态发展各有自己的价值取向，经济发展目标主要考虑效率提高，社会发展目标主要考虑公平、正义，环境建设目标主要考虑生态平衡。当三个系统发展目标不一致时，城市发展不是追求各个子系统最优化，而是强调各个目标之间协调平衡，追求整体最优。

（三）生态化城镇的特征

生态化城镇是运用生态学、经济学的基本原理，坚持以人为本的理念，以自然环境为依据，以资源优化配置为手段，以社会体制为经络，形成人与自然、社会三者高效和谐共生互惠的城镇发展模式。简单地说它就是社会和谐、经济高效、生态良性循环的人类居住区形式，也是按照生态学原理进行城市设计，建立高效、和谐、健康、可持续发展的人类聚居环境。

一般来说，生态化城镇具有和谐性、高效性、持续性、整体性、区域性和结构合理、关系协调七个特点。

1. 和谐性。在人与自然的关系上，它不仅强调人与自然共生共荣，人回归自然，贴近自然，自然融于城市，更关注人与人之间的关系。人类活动促进了经济增长，却没能实现人类自身的同步发展。生态化城镇就是要营造满足人类自身进化需求的环境，在由传统乡村社会的"熟人社会"转为现代城镇"陌生人社会"的转型中，使城镇充满人情味，富于文化气息，拥有强有力的互帮互助的群体生存环境，并富有生机与活力。生态化城镇不是一个用自然绿色点缀而彼此冷漠僵死的人居环境，而是一个尊重人、关心人、陶冶人的"爱的器官"。文化是生态化城镇重要的功能，文化个性和文化魅力是生态化城镇的灵魂。这种和谐乃是生态城市的核心内容。

2. 高效性。生态化城镇一改现代工业城镇"高能耗""非循环"的运行机制，提高一切资源的利用率，物尽其用，地尽其利，人尽其才，各施其能，各得其所，优化配置，物质、能量得到多层次分级利用，物流畅通有序、物流人流便捷，废弃物循环再生，各行业各部门之间通过共生关系进行协调。

3. 持续性。生态化城镇是以可持续发展思想为指导，兼顾不同时期、空间、合理配置资源，公平地满足现代人及后代人在发展和环境方面的需要，不因眼前的利益而以"掠夺"的方式促进城市暂时"繁荣"，保证城市社会经济健康、持续、协调发展。

4. 整体性。生态化城镇不是单单追求环境优美，或自身繁荣，而是兼顾社会、经济和环境三者的效益，不仅重视经济发展与生态环境协调，更重视对人类生存质量和"幸福指数"的提高，是在整体协调的新秩序下寻求发展。

5. 区域性。生态化城镇作为城乡的统一体，其本身就是一个区域概念，并建立在区域平衡基础上。而且，城市群之间、城市之间、城镇之间互相联系、相互制约。一般来说，只有平衡协调的区域，才有平衡协调的生态化城镇。

6. 结构合理。一个符合生态规律的生态化城镇应该结构合理，包括合理的土地利用，好的生态环境，充足的绿地系统，完整的基础设施，有效的自然保护。

7. 关系协调。是指人和自然协调，城乡协调，资源利用和资源更新协调，环境协调和环境承载能力协调。

（四）国外生态化城镇研究的代表人物及贡献

在西方，对生态化城镇的研究、实践历史并不长，但其思想渊源可追溯得相当久远。从古希腊柏拉图（Plato）的《理想国》到 16 世纪英国人托马斯·莫尔（T. More）的《乌托邦》，都能窥见人类对人与自然及人与人能生活在理想城市的向往和追求。

西方公认，霍华德（Edward Howard）的"田园城市"理论是现代生态化城镇思想的直接来源。1903 年，由霍华德（Edward Howard）设计建设的英格兰莱奇沃思在历经 1 个世纪之后，仍是生态化城镇的典范，展示了城市与自然平衡发展的生态魅力。

20 世纪以来，三大城市生态学家有力地推动了生态化城镇问题的研究。第一个高潮从赫胥黎的学生、英国生物学家、城市规划学家科迪斯（RGdedes）的《进化中的城市》（1915 年）开始，他把生态学的原理和方法应用于城市问题研究，将卫生、环境、住宅、市政工程、城镇规划等综合起来加以研究。到 20 年代和 30 年代，芝加哥人类生态学派将城市生态学研究推向了顶峰。他们运用系统的观点，将城市视为一个有机的整体、一种复杂的人类社会关系，认为它是人与自然、人与人相互作用的产物。30 年代以后，由于世界经济的萧条及第二次世界大战的爆发，城市生态研究逐步步入低谷。但到了 60 年代，随着世界经济的复苏和城市化的迅速发展，以及随之而来的严重的城市能源和生态环境危机，一度被冷落的城市生态研究又逐渐走向第二个高潮。以罗马俱乐部《增长的极限》、英国的 Goldmiht 等人的《生命的蓝图》以及 R. Casrno 的《寂静的春天》为代表的著作，阐述了经济学家和生态学家们对世界城市化、工业化前景的估计和担忧，从而激发了人们系统研究城市生态的兴趣。麦克哈格（I. L. Mcharg）在 1969 年出版了《城市规划哲学》（*Design with Nature*）一书，提出了"设计遵从自然"的物质规划方法论，是景观、城市与区域生态规划方法论上的一次革命。高尔敦（D. Gordon）1990 年出版了 *Green Cities* 一书，探讨了城市空间的生态化建设途径，其中尤以印度学者 Rashmi Mayur 博士对绿色城市的设想最为突出。斯坦纳（F. Steiner）2000 年出版了 *The Living Landscape：An Ecological Approaeh to Landscape Plannings*（第二版），从生态环境的角度，总结了生态规划技术与应用的经验。

1975 年，美国生态学家雷吉斯特（Richard. Register）指出，生态化城镇是想寻求人与自然的健康发展。他在 1987 年出版了 *Ecotity Berkeley：Building Cieies for a Healthy Future* 论述了生态化城镇建设的意义、原则，同期，苏联生态学家 N. 扬诺斯基（O. Yanitsky）认为，生态化城市是按生态学原理建造的一种理想的城市模式，能够实现社会、经济、自然的协调发展，也能实现物质、能量、信息的高效利用。

澳大利亚建筑师唐顿（P. F. Downton）把生态化城市的功用提高到极致，认为生态化城镇能够拯救当今世界，生态化城市是治愈地球疾病的良药，它包括道德伦理和人们对城市进行修复的一系列措施和计划。

20 世纪 80 年代以来，城市生态系统研究被联合国教科文组织（UNESCO）定为人与生物圈研究计划中的重点项目。此后，各种出版物、论文集和国际学术会议如雨后春笋般破土而出，成为城市生态学研究进入第三个高潮的标志，也是城市生态学进入新的发展时期的标志。1997 年，在德国莱比锡召开的国际城市生态学术研讨会也将生态化城市作为主要议题之一，当城市建设观念由单纯静止地追求自然优美环境的取向走向更高层面的全面生态化，即包括自然生态、社会经济生态和历史文化生态的综合动态发展阶段时，人类的价值取向发生了根本性的变革，它不仅标志着人类正迈入"生态时代"，也标志着城镇建设已步入全面的生态化城镇建设新时期。

（五）国内生态化城镇研究的代表人物及贡献

在中国，古老的风水理论和技术绽放着智慧的光芒，它们对自然规律的把握和经验的积累让人称奇。同时，古代圣哲所倡导的"天人合一"思想更体现了古代城市建设中对自然生态环境的尊重。风水在汉代已有记载，其理论源头可溯至《易经》，其理论基础是中国传统哲学思想——阴阳八卦和五行学说。五行理论认为自然界基本要素为"气"，因此，"气"的思想也是中国风水理论的精髓，中心内容是人们对居住环境进行选择和处理。风水理论立足于人与天地的关系，把自然环境作为一个以人为中心包括天地万物的整体系统，而风水学的功能就是宏观把握、协调各系统之间的关系，优化结构，寻求最佳组合。把风水学用到巅峰的要数秦咸阳城的建造。

以儒家和道家为代表的传统文化将天人关系精辟概括为——"天人合

一"，从而把人与自然的关系推向极致。《老子》曰："人法地，地法天，天法道，道法自然"，这就是说，人、天、地统一于自然这个大规律。1990年，美国科学家李约瑟对此的评价是"中国发展了有机哲学"。《老子》之后，荀子提出"制天命而用之"，主张"天人之分"。其思想是说人必然要利用自然规律，但主宰自然、凌驾于自然之上则是不对的。这便是"天人合一"的思想雏形。到了宋明时期，"天人合一"思想逐渐成熟。宋代大儒张载首次使用"天人合一"说法。在"民胞物与，物我与也"的著名论断中，充分表达出人与万物平等的思想，至此，"天人合一"这种同自然和睦相处、繁衍发展的生态平衡思想在政治和社会统治中被沿用至今。很显然，"天人合一"也是生态化城镇建设的思想来源之一，因为它比1984年俄国生态学家提出的"生态城市"概念早成百上千年。从实践上看，自西周王城起，中国历代王朝都城的选址、形态构架、主体建设都饱含着"天人合一"的思想，尤其元大都的建造，这种"象天立宫"的空间布局，到明代又加筑天、地、日、月四坛，更是将人与自然和谐相处的理念发挥得淋漓尽致。

20世纪80年代以来，国内学术界开始对生态化城镇进行研究，研究的主要学术切入点是从地理学、城市生态学和经济学的角度进行的，且理论研究已达一定水平，王如松、马世俊等是早期的主要代表。

1981年，我国生态学家马世骏等提出了"复合生态系统"的理论，认为以人的活动为主体的城市、农村实际上是一个由社会、经济与自然三个亚系统，以人类活动为纽带而形成的相互作用与制约的复合生态系统。之后，袁中金等在《城镇生态规划》一书中，较全面地论述了城镇生态规划的产生与发展、城镇生态规划的基本理论，指出发展中城镇的生态困境，从城镇人口与土地利用适宜性分析、城镇园林绿地规划、水系统规划、环境综合整治规划、区域生态规划及城镇可持续发展与生态管理角度阐述了城镇生态规划的内容。

1988年，王如松提出了城市生态调控的原则和方法，认为生态规划的实质就是运用生态学原理与生态经济学知识调控复合生态系统中各亚系统及其组分间的生态关系，协调资源开发及其他人类活动和自然环境与资源性能的关系，实现城市、农村及区域社会经济的持续发展。

1992年，刘湘溶在《生态伦理学》一书中第一次在国内构建了生态伦理框架结构，提出了以"生产节制、人口节育、消费节欲"为规范，以"自然价值观"和"自然权利观"为基础的生态伦理观。

1995～1999 年，余谋昌在《惩罚中的醒悟：走向生态伦理学》《文化新世纪：生态文化的理论阐释》《生态伦理学》三部著作中，从理论上论述了中国古代生态伦理思想、西方现代伦理学、生态伦理学的基本理论。陕西人民教育出版社 2000 年出版的"生态文化丛书"使国内生态思想理论研究有了实质性的发展。

2000 年，沈清基在《论城市规划的生态学化》一文中认为，城市生态规划在应用生态学的观点、原理、理论和方法时，不仅关注城市的自然生态，而且也关注城市的社会生态。

21 世纪以来，生态化城镇研究逐步转热，李迪华、李小凌提出"弹性"规划的构想，将城镇生态规划目标和城镇生态规划方案不确定化，同时把握"弹性"规划的范围以及时空性原则，为城镇生态规划提供了新思路。周百灵提出从城乡一体化发展、走集约化城市发展道路、规划设计上要结合自然三个方面出发来建设生态化城镇。王敬华提出城镇布局形态应充分考虑环境容量，控制乡镇企业布局与数量，避免环境容量超负荷。钱文荣等以浙江海宁市为例，认为在城镇化过程中把一定区域内的所有城乡资源作为一个统一的生态经济系统，提出了生产要素要向市区集中，人口向中心镇集中，逐步构建一个"工作在市区，生活在城镇"的格局。王东提出在土地利用上应更加聚集和集中，以使城镇空间环境更为紧凑合理，从而扩大生态用地。

此外，通过对 CNKI 中文期刊数据库、万方数据库、中国国家数字图书馆等网站的查询，自 1980 年至 2013 年 30 余年间国内学界关于生态城镇化建设有多种研究成果，主要观点见上一章绪述所述。

（六）国内外学者有关生态化城镇研究的主要领域

1. 生态规划论。2006 年，英国著名环境设计师麦克哈格在代表作《设计结合自然》首次提出生态规划的概念，作者以丰富的资料、精辟的论断，阐述了人与自然环境之间不可分割的依赖关系、大自然演进的规律和人类认识的深化，提出以生态原理进行规划操作和分析的方法，使理论与实践紧密结合。书中还通过许多实例，详细介绍了这种方法的具体应用，对城市、乡村、海洋、陆地、植被、气候等问题均以生态原理加以研究，并指出正确利用的途径。1984 年，"国际人与生物圈计划"第五十七集报告中提出，要运用系统科学、生态学、经济学和各种社会、自然、信息、经验规划、调节和改造区域各种复杂的系统关系。早在 1940 年，美国著名建筑师伊利尔·沙里宁在《城市：它的发展、衰败与未来》中提出"有机疏散论"，其"有机"就是城镇规划应满足城镇的全部功能的意思；之后，美国人文主义城市规划代表刘易斯·芒福德以人为本的思想和城镇—区域理论丰富了生态规划论。

在国内，薛蓉莉对生态规划的认识最具有代表性。她根据国内外研究认为，生态规划有别于传统的城镇环境规划，也非单一地将生态学理论用来规划城镇环境，而是立足当下，放眼未来，将生态学原理方法运用到城镇规划的各个方面，进而实现自然生态、社会生态、经济生态等综合性的城镇生态，即生态化城镇。她强调生态规划的核心是规划的协调性，首要目的是实现环境、人、社会的协调发展；同时要注意区域性，不能千篇一律搞规划，一个区域生态问题的产生、演变、解决都要以该区域的现状为最大实际，如我国西北戈壁与陕北生态脆弱区的生态规划是截然不同的；最后要关注层次性，城镇生态系统是多级、多层次的庞大系统，所以在规划中要有明确清晰的层次性。

总的说来，生态规划论就是运用生态学、环境科学、系统科学等科学技术，以人为本、以可持续为本，从系统和综合的角度构建、维持城镇间各要素生态关系，以生态平衡和生态发展为目标，进而实现生态化城镇可持续发展，实质是实现未来良好的生态关系和生态质量。我国的生态城镇建设应以生态规划理论为依据分区域，有层次地进行科学规划，才能保证未来城镇生态质量的可持续性。

2. 可持续发展论。1980 年，"可持续发展"首次在《世界自然保护大纲》中提出，1987 年，由联合国发展委员会主席在《我们共同的未来》报告中正式提出"可持续发展"，并将社会、经济、环境放在三个维度（见图 2 - 1）来考虑的"可持续发展"理论，它是现代人类生态价值的巨大进步。"可持续发展"理论认为，经济发展与环境保护互相影响，在发展中环境保护是发展的重要组成部分，更是衡量发展质量、水平、程度的客观依据之一。

20 世纪 90 年代，有关环境的话题热了起来，它对城镇建设产生越来越多的影响，欧盟已将《环境影响评价》和 ES 纳入项目建设开发控制，涉及环境问题的项目要根据环境影响评价予以审批。

近年来，可持续发展论在世界范围的支持下迅速发展起来，有大量的理论研究和实践活动，在实践效果显著的同时，也反映出可持续发展对于社会、经济和环境三大维度的紧张关系（Campbell，1996），即财富冲突、资源冲突、发展冲突等可持续发展面临的三大矛盾（见图2-2）。机会平等和经济发展需要资金投入，市场行为可以产生收益，但要政府介入以保证社会收益的公平，就必然面临利益调整问题，在财富一定和全球危机的前提下，财富冲突更为严重，资源冲突和发展冲突也不容忽视。这些冲突的中心是资源禀赋不均，中国生态化城镇建设也面临这样的冲突，有的地方要了发展就破坏了环境，想保护环境但又陷于贫困的局面。

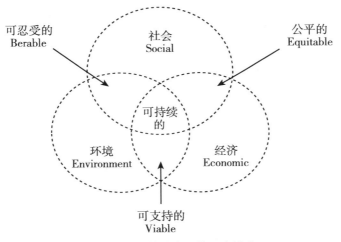

图 2 - 1　可持续发展的三个维度

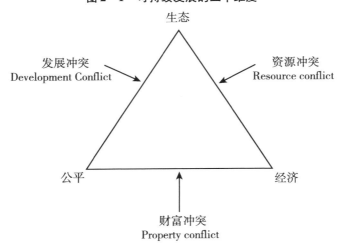

图 2 - 2　可持续发展面临的三大矛盾

资料来源：黄杉. 城市生态社区规划理论与方法研究 [D]，2010.

3. 生态足迹理论。可持续发展论提出后，如何判断人类活动是否符合自然承载力，即可持续范围成了一道难题。20 世纪 90 年代，Wackenrgael 生态足迹概念及模型的提出解决了这个问题。它作为生态城镇评价的量化指标，用于计算生态承载力，从而为某一地区是否能够进行开发做参考。同期还有 Daly 等提出的"可持续经济指标"（ISEW）、Cobb 等提出的"真实发展指标"（GPI）等。

任何已知人口（一个人、一座城市、一个国家或地区、全球）的生态足迹是生产这些人口所消耗的资源和分解这些人口所产生的废弃物所需要的生物生产面积（陆地和近海海域）的总和就是其最初定义。

生态足迹的计算公式：如公式 2.1

$$EF = N \cdot ef = N \cdot r_j \cdot \sum_{i=1}^{n} (aa_i) = N \cdot r_j \cdot \sum_{i=1}^{n} \langle C_i / P_i \rangle \quad (j = 1,2,6)$$

$$(2.1)$$

其中：i 为消费类项目的类型；j 为生物生产面积的类型；EF 为总生态足迹；N 为人口数；ef 为人均生态足迹；r_j 为不同类型生物生产面积的均衡因子；aa_i 为 i 种消费项目计算的人均生态足迹分量；C_i 为 i 种消费项目的年均消费量；P_i 为 i 种消费项目的全球年平均年产量。

生态承载力计算公式，如公式 2.2：

$$BC = N \cdot bc = N \cdot \sum_{i=1}^{6} (r_j \cdot y_j \cdot a_j) \quad (j = 1,2\cdots\cdots,6) \quad (2.2)$$

其中：BC 为总的可利用的生态承载力；N 为人口数；bc 为人均可利用的生态承载力；r_j 为人均生物生产面积；y_j 是均衡因子，a_j 是产量因子。

若 $BC < EF$，说明出现生态赤字，说明该国或该区域生态足迹需求超过本国或本地区生物生产面积的供给能力。差额由引进生态足迹来弥补，这表明该国或地区生态生产力对外有依赖性。

如果 $BC > EF$，说明有生态盈余，Helmut Haber 等人认为，这并非是说有生态盈余就可随意开发，生态足迹是保守计算没有全面性。所以在评估时一定要全面、多方位考虑，生态足迹仅仅是一个参考，不具有决定意义。对于发展中的中国而言，生态足迹理论对于生态城镇的建设具有重要指导意义。

4. 生态与循环型城镇论。生态与循环型城镇理论是继承生态城市论、可持续发展论而形成的社会发展理论。该理论是由我国学者吴妤在总结英国城镇建设道路中的"新城"计划总结而提出。

20世纪30年代，英国城镇建设落后于美、德等国，40年代中期，英国先后通过了"工业配置法案"和"城乡规划法案"，开始整顿大城市规模和布局问题。40年代实施"新城"计划来转移大城市人口，生态经济是新城建设的指导思想，"新城"重视城镇经济、社会与环境的统一及规划，把法律法规作为执行工具。生态城镇的发展凸显出无比的优越性，成为当今世界小城镇的典范。

鉴于此，吴妤认为"生态与循环型城镇"是：在生态系统承载能力范围内，用系统工程原理和符合自然生态规律的循环经济方法所建立的具有非线性生产模式的产业循环系统，基础设施系统以及生态保障系统，以及具有生态高效的产业、协调的管理体制和景观适宜的环境的城镇。其最显著的特征是：具有高度自组织能力的、日趋有序的城镇循环产业体系。

生态与循环型城镇建设在我国具有实际可操作性，生态与循环型城镇的经济、社会、环境的关系与传统城镇不同。生态与循环型城镇经济、社会与环境的结构关系如图2-3所示，体现了三者间和谐共生的关系。

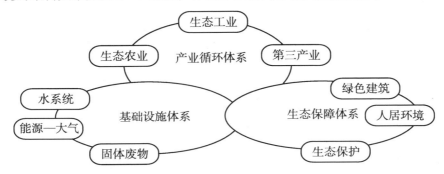

图2-3　生态与循环型城镇经济、社会与环境的结构关系

这一形式在设计思想上依照生态经济和循环经济的原理设计。在进行生态与循环型城镇建设中要构筑生态产业链，建立物质循环生态产业链、能量梯级利用生态产业链、水循环利用生态产业链和信息链等。

5. 生态城市建设的评价指标体系。对生态城市指标体系的研究所覆盖的范围比较宽广，涉及社会、经济和自然环境等三个方面。所涵盖的内容有的达到40多个。其中，"森林覆盖率"，"工业废水排放达标率"，"城区生活垃级无害化资源化率","人均公共绿地","绿化覆盖率","自然保护地面积率","工业无害处理率","废水处理率","工业废气处理率"等内容是生态城市建设的硬性指标。3R 行动,即英文中的 Reduce(减少),Reuse(重复使用)和 Recycling(循环)是生态城市发展和建设的主题,也是生态城市发展的核心措施之一。另外,建议将"恩格尔系数"和"基尼指数"纳入生态城市指标之内,以及在评价指标体系中增加"犯罪率"或"刑事案件侦破率"等内容,是为了让人民生活在一个安全的社会中。这些都是生态城市建设过程中需要研究的问题。

二、生态化城镇建设理论与实践梳理

(一)生态化城镇建设的背景

工业革命后,欧美等发达国家城镇建设速度快速提高,城市规模不断扩张。到 20 世纪中期,在城镇化水平不断提高,居民收入稳步增长的同时,城市问题也开始凸显,人与自然之间的矛盾进一步激化。在此背景下,有关生态问题的研究也多了起来。之后,"生态城市理论"和"可持续发展理论"相继提出,各国力求建立一种平衡人与自然关系的城市发展新路径并逐步确立了方向——这就是"生态社区"。由于"生态社区"倡导的是集人、自然、社会、环境、文化、经济、资源等一系列因子于一体的城市发展模式,因而受到广泛青睐。于是,欧美和其他发达国家相继开展生态社区的研究,一些关于生态社区建设的理论也相继出现,例如"同心圆"理论,杜邦的"3R"原则,英国的新城计划等。生态社区或者生态城市在实践中的紧迫性使得其理论研究显得尤为重要,所以自 1984 年霍德华提出"生态城市"概念以来,生态化城镇理论层出不穷,有关生态化城镇建设的研究与实践更是如火如荼。

20 世纪 90 年代以来,城市生态话题逐渐升温,大城市的环境、交通、生态等"城市病"同社会经济的可持续发展方向逐渐背离,各国在解决城市问题的探索与实践中,英国的"新城计划"为未来城市发展找到了出路,人们普遍认为:生态化城镇是治愈"城市病"的良药。因为生态化城镇有利于转移大城市的过剩人口和产业,在建设之初就把人、自然与社会作为一个系统的整体来规划,在发展中就能够有效避免传统城市的弊端。于是,生态化城镇不仅是人与自然和谐相处的典范之作，也是可持续发展的更高层次，更是未来城镇发展的不二选择。

随着社会经济的发展和人口的迅速增长，世界城市化的进程，特别是发展中国家的城镇化进程不断加快，全世界到 2012 年已有一半人口生活在城市中，预计 2025 年将会有 2/3 人口居住在城市，因此城市生态环境将成为人类生态环境的重要组成部分。城市是社会生产力和商品经济发展的产物。在城市中集中了大量的社会物质财富、人类智慧和古今文明，同时也集中了当代人类面临的各种矛盾和问题：诸如大气污染、水污染、垃圾污染、地面沉降、噪音污染；城市基础设施落后、水资源短缺、能源紧张；城市人口膨胀、交通拥挤、住宅短缺、土地紧张，以及城市的风景旅游资源被污染、名城特色被破坏等。这些矛盾和问题严重阻碍了城市所具有的社会、经济和环境功能的正常发挥，甚至给人们的身心健康带来很大的危害。在新型城镇化快速推进的今天，中国作为世界上人口最多的国家，环境问题是否处理得好是涉及全球环境问题改善的重要方面。因此，如何实现城市经济社会发展与生态环境建设的协调统一，就成为国内外城镇建设共同面临的一个重大理论和实际问题。

有关专家认为，21 世纪是生态世纪，即人类社会将从工业化社会逐步迈向生态化社会。从某种意义上讲，下一轮的国际竞争实际上是生态环境的竞争。从一个城市来说，哪个城市生态环境好，就能更好地吸引人才、资金和物资，处于竞争的有利地位。因此，建设生态化城市已成为下一轮城市竞争的焦点，许多城市把建设"生态城市""花园城市""山水城市""绿色城市"等生态化城镇作为奋斗目标和发展模式，这是明智之举，更是现实选择。

大力提倡建设生态化城镇，这既是顺应城镇演变规律的必然要求，也是推进城镇的持续快速健康发展的需要：一是抢占科技制高点和发展绿色生产力的需要。发展建设生态化城镇，有利于高起点涉入世界绿色科技先进领域，提升城镇的整体素质、国内外的市场竞争力和形象。二是推进可持续发展的需要。国家把"可持续发展"与"科教兴国"并列为两大战略，在城市建设和发展过程中，当然要贯彻实施好这一重大战略。三是解决城市发展难题的需要。城市作为区域经济活动的中心，同时也是各种矛盾的焦点。城市的发展往往引发人口拥挤、住房紧张、交通阻塞、环境污染、生态破坏等一系列问题，这些问题都是城市经济发展与城市生态环境之间矛盾的反映，建立一个人与自然关系协调与和谐的生态化城镇，可以有效解决这些矛盾。四是提高人民生活质量的需要。随着经济的日益增长，城市居民生活水平也逐步提高，城市居民对生活的追求将从数量型转为质量型、从物质型转为精神型、从户内型转为户外型，生态休闲正在成为居民日益增长的生活需求。

（二）生态化城镇建设的内涵及要求

生态化城镇建设是指在生态系统承载能力范围内运用生态经济学原理和系统工程方法改变生产和消费方式、决策和管理方法；挖掘城镇内外一切可以利用的资源潜力，建设经济发达、生态高效的产业，体制合理、社会和谐的文化，以及生态健康、景观适宜的环境，使城镇建设得更加系统化、自然化、经济化和人性化。具体来说，生态化城镇建设主要在以下六个方面做出突破：生态卫生建设，为居民提供一个整洁健康的生活环境；生态安全建设，主要包括水安全、食物安全、居住安全、减灾和生命安全；生态产业建设，大力发展生态农业、生态工业和生态旅游，大力打造生态产业园区，建立良性循环的现代化生态产业体系；生态园林建设；生态景观建设和生态文化建设。

一般来说，生态化城镇应符合以下要求：广泛应用生态学原理规划建设城镇，城镇结构合理、功能协调；保护并高效利用一切自然与能源，产业结构合理，实现清洁生产；采用可持续的消费发展模式，物质、能源循环利用率极高；有完善的社会设施和基础设施，生活质量高；人工环境与自然环境有机结合，环境质量高；保护和继承文化遗产，尊重居民的文化个性和生活特性；居民的身心健康，有自觉的生态意识和环境道德观念；建立完善的、动态的生态调控管理与决策系统。

（三）生态化城镇建设的主要内容

生态化城镇建设包括生态基础设施建设、生态人居环境建设、生态城镇代谢网络建设、城镇生态文明能力建设和城镇生态管理建设五个方面。

1. 生态基础设施建设。生态基础设施包括流域汇水系统和城市排水系统、区域能源供给和光热耗散系统、城市土壤活力和土地渗滤系统、城市生态服务和生物多样性网络、城市物质代谢和静脉循环系统、区域大气流场和下垫面生态格局等。生态基础设施建设的目标是维持这些系统结构功能的完整性及生态活力，强化水、土、气、生、矿五大生态要素的支撑能力。生态基础设施可以选择以下指标对其进行测度：

（1）生态用水占用率：指城市生产、生活用水量占维持本土自然生态系统基本功能所需要的常年平均水资源量的比例，一般应低于35%。

（2）生态服务用地率：指建成区内城市农业、林业、绿地、湿地及自然保护地面积与城市建设用地面积之比。生态服务用地面积一般应不小于建设用地的两倍。

（3）生态能源利用率：地热、太阳能、风能、生物质能等可再生能源利用率一般不低于10%，强热岛效应地区（温差超过2℃）面积，一般不超过10%。

（4）生态安全保障率：本地物种比例一般不低于65%、景观多样性逐年提高、灾害发生频率逐年下降。

2. 生态人居环境建设。城镇人居和产业环境的适宜性取决于社区或园区环境的肺（绿地）、肾（湿地）、皮（地表及立体表面）、口（主要排污口）和脉（山形水系、交通主动脉等）的结构和功能的完好性。在2009年伊斯坦布尔召开的第八届国际生态城市大会上，代表们一致倡导制订一套生态城市人居环境建设标准。有学者根据国内外生态城镇建设研究的经验提出以下建议：

（1）紧凑的空间格局：从地面向空中和地下空间发展，注重街道及地下空间的立体开发，倡导6～10层互动型居住小区，层数过低土地利用不经济，过高社会效益和环境效益不好，社区人口密度不低于1万人/平方公里。

（2）凸显城市主动脉：新城和产业园沿轻轨和大容量快速公交主动脉呈糖葫芦串型布局并与主城区相连，各组团间由绿地、湿地、城市农田、城市林地等生态服务用地隔开。生态交通网络覆盖人口超过城市人口的80%，从主动脉上任何一站乘快速直达公交到城市中心不超过半小时。

（3）宽松的红绿边缘：破解摊大饼的城市格局，每个居住小区的绿缘要尽可能长，居民步行到最近的大片绿地时间不超过10分钟。

（4）健全的肾肺生态：城市开旷地表100%可渗水透绿，屋顶和立面绿化，下沉式绿地兼湿地功能，湿地兼生态给排水功能；城区人均生态服务用地面积不小于30平方米，其中人均湿地面积不小于3平方米。

（5）混合功能就近上班：居住、工商、行政和生态服务功能混合，1/3

以上职工能就近上班，从居住点到工作地点乘公交车正常情况下用时不超过30分钟。

（6）便民生态公交：居民高峰期出行80%以上借助公交、轻轨或自行车，城市任何一点步行到最近公交站点不超过10分钟。

（7）生态建筑比例：新建社区生态建筑占70%，与传统建筑相比生态建筑节能60%，碳减排50%，化石能源消耗减少15%～30%。

（8）彰显生态标识：通过标志性建筑、雕塑、生物和文化景观凸显当地自然生态以及人文生态特征、文脉和肌理，生态标识满意度高于80%。

（9）生态游憩廊道：在汽车和轻轨交通网络外为市民和游客提供无断点出行、游览观光及生态服务的游憩绿道，包括自行车＋步道网络，休闲驿站及人文服务设施、生物绿篱和缓冲廊道。人均生态游憩廊道面积应不低于5平方米，生态游憩绿道能覆盖和连接市域内每一个社区、乡村和景点。

（10）民风淳朴邻里交融：社区和睦、治安良好、文体设施与场所健全，2/3以上居民能天天见面、周周交流。

3. 城镇代谢网络建设。城镇生态代谢网络是一类以高强度能流、物流、信息流、资金流、人口流为特征，不断进行新陈代谢，具备生产、流通、消费、还原、调控等多种功能，经历着孕育、发展、繁荣、熟化、衰落、复兴等演化历程的自组织和自调节系统。可以用以下指标来衡量其生态经济效率和环境影响：

（1）城镇生态足迹：指维持城市基本的消费水平并能消解其产生的废物所需要的土地面积的总量。通过提高自然资源单位面积的产量，高效利用现有资源存量以及改变人们的生产和生活消费方式可以减小城市的生态足迹。现有资源存量以及改变人们的生产和生活消费方式可以减小城镇的生态足迹。

（2）城镇生态服务能力：指生态系统为维持城市社会的生产、消费、流通、还原和调控活动而提供有形或无形的自然产品、环境资源和生态公益的能力。其核算框架包括空间测度、时间测度、当量测度、格局测度和序理测度。

（3）产业生态效率：指产业系统生态资源满足城市需要的效率，是产品和服务的产出与资源和环境的投入的比值。评价时从生命周期的全过程出发，分析从自然资源开采、材料加工以及产品的生产、运输、消费和循环再生的所有环节，以寻求合适的经济方法或者政策手段来提高产业系统的生态效率。

（4）生态物流循环：本地食品生产和消费占城市总生产和消费需求的百分比不低于50%，高效率的污水处理和节水及中水回用设施，人均生活用水低于100升/日，普及城乡生态卫生工程，户均1平方米的社区堆肥池，70%的生活垃圾在社区内就地减量化和资源化。

4. 城镇生态文明能力建设。城镇生态文明能力建设以更新人的观念、调节人际关系、引导人的行为、提高人的素质为主导，强调城镇生态的人文过程。通过利益相关者的行为调节和能力建设带动整个城镇形态的彰显和生态的升华，促进物态谐和、业态祥和、心态平和与世态亲和的城镇文明发展。为此，应大力推进区域协同共生、城乡一体共荣、体制条块整合、天人关系和谐和社会均衡发展，着力调整局部和整体、眼前和长远、发展的速度和质量以及自主创新和对外开放的统筹关系。提升城市各部门、各单位和各阶层竞生、共生、再生、自生的社会生态活力。城镇生态能力建设可以选择以下指标来度量：

（1）生态认知指数：包括决策者、企业家、科技人员和普通民众的生态知识（生态哲学、生态科学、生态工学、生态美学和生态经济学）、生态意识（全球环境变化、区域生态服务、人群生态健康、生态可持续性管理）和生态境界（温饱、功利、道德、信仰、天地）。

（2）生态统筹能力：指城市各级管理部门对区域统筹、城乡统筹、人与自然统筹、社会与经济统筹的内涵与外延进行统筹的一种协调与管理水平，以及竞生、共生、再生、自生的能力。

（3）经济发展活力：经济发展所需的自然资源支撑能力和潜力，生态系统的承载和涵养能力，科技和人力资源的孵化和培育能力，产业结构和布局的生态合理性，研究与开发、服务与培训人员的比例，经济发展的力度、速度、多样性和稳定性。

（4）社会参与能力：指城市为公众参与所提供的机制、体制和平台的完善水平，公众关心和参与重大决策的意愿、知识、技能和社会自下而上的监督渠道，以及参与者的参与程度。

5. 城镇生态管理建设。生态管理不同于传统的环境管理，它不是着眼于单个环境因子和环境问题的管理，而是更强调整合性、共轭性、进化性和自组织性的协调。

生态管理需要自上而下与自下而上两种方式的结合以及全社会的积极参

与，包括政府主导、科技催化、企业兴办、公众参与和社会监督。

一般来说，城市管理的生态内涵有三层：一是作为管理工具的生态学理念、方法和技术，包括生态动力学、生态控制论和生态系统学；二是作为管理主体的人与环境（物理、化学、生物、经济、社会、文化）间的共轭生态关系（生产、流通、消费、还原、调控）；三是作为管理客体的各类生态因子（水、土、气、生、矿）和生态系统（如森林、草原、湿地、农田、海洋等）的功能状态。

生态化城镇不同于传统城镇的主要特点在于其竞生、共生、再生、自生机制的生态耦合，在于其从链到网、从物到人、从优到适、从量到序的生态管理方法的转型。生态化城镇建设需要通过生态规划、生态工程、生态管理、生态教育和生态监督的科学手段来系统推进。

建设生态化城镇是一个长期、艰巨的历史任务，是一场涉及建设理念、建设技术、建设规制与方法、建设文化创新的社会变革，需要从制度和操作两个层面构建与完善生态立法、生态规划、活化整合生态资产、孵化诱导生态产业、优化升华文化品位、统筹兼顾分步实施，典型示范滚动发展来逐步推进。

（四）生态化城镇建设的主要环节

1. 城镇生命系统建设。支持城镇生存与发展的关键在于其所蕴含的生命支持系统所具有的活力，包括城镇生态基础设施（光、热、水、气候、土壤、生物等）的承载力、生态服务功能的强弱、物质代谢链的闭合与滞竭程度，以及景观生态的时、空、量等的整合性。

（1）水资源利用：在市区，开发各种节水技术节约用水，雨、污水分流，建设储蓄雨水的设施，路面采用不含锌的材料，下水道口采取隔油措施等，并通过湿地等进行自然净化。在郊区，保护农田灌溉水；控制农业面源污染，禽畜牧场污染，在饮用水源地退耕还林；集中居民用地以更有效地建设、利用水处理设施。

（2）能源：节约能源，建筑物充分利用阳光，开发密封性能好的材料，使用节能电器等；开发永续能源和再生能源，充分利用太阳能、风能、水能、生物制气。能源利用的最终方式是电和氢，气使污染达到最小。

（3）交通：发展电车和氢气车，使用电力或清洁燃料；市中心和居民区限制燃油汽车通行；保留特种车辆的紧急通道。通过集中城市化、提高货运费用、发展耐用物品来减少交通需求；提高交通用地的利用效率；发展船运和铁路运输等。

（4）绿地系统：打破城郊界限，扩大城市生态系统的范围，努力增加绿化量，提高城市绿地率、覆盖率和人均绿地面积，调控好公共绿地均匀度，充分考虑绿地系统规划对城市生态环境和绿地游憩的影响；通过合理布局绿地以减少汽车尾气、烟尘等环境污染；考虑生物多样性的保护，为生物栖境和迁移通道预留空间。

2. 人居环境建设。城市的表现形式是社区的格局、形态，人作为复合生态系统的主体，其日常活动对城市生态系统的好坏起着重要作用。因此生态城镇规划中强调社区建设，创造和谐优美的人居环境。

（1）生态建筑：开发各种节水、节能生态建筑技术，建筑设计中开发利用太阳能，采用自然通风，使用无污染材料，增加居住环境的健康性和舒适性；减少建筑对自然环境的不利影响，广泛利用屋顶、墙面、广场等种植立体植被，增加城市氧气产生量；区内广场、道路采用生态化的"绿色道路"，如用带孔隙的地砖铺地，孔隙内种植绿草，增加地面透水性，降低地表径流。

（2）生态景观：强调历史文化的延续，突出多样性的人文景观。充分发掘利用当地的自然、文化潜力（生物和非生物的因素），以满足居民的生活需要；建设健康和多样化的人类生活环境。

3. 发展生态产业。生态产业是按生态经济原理和知识经济规律组织起来的基于生态系统承载能力，具有高效的经济过程及和谐的生态功能的网络型、进化型产业。它通过两个或两个以上的生产体系之间的系统耦合，使物质、能量能多级利用、高效产出，使资源、环境能系统开发、持续利用。

（1）生态工业模式：此类城镇需工业向园区集聚，按循环经济原理改造传统企业，建立新企业，培育生物种企业，引入补链企业，打造能清洁生产的生态产业园，实现资源的多级循环利用。此类城镇经济条件一般较好，工业企业较多，基础设施比较完善，也有比较优越的地理位置，对建立生态产业园创造了条件。

（2）生态农业模式：土地向规模经营集中，建立生态城郊观光型和林粮牧业型生态农业，此类区域常常位于城市远郊区，主要分布在农业生态功能区内，是城乡居民菜、瓜果、禽、肉的主要生产基地。围绕发展空间领域，进一步提升农业科技水平，推进生态农业发展，提高农产品的商品率，达到人与自然的和谐共生。主要有：①城郊观光型生态农业模式。地处大城市城郊的城镇，依托城郊的风貌以及周围区域的旅游环境，充分发挥优越的地理位置及资源优势，围绕林果业、花卉、苗圃等产业，大力开发休闲观光生态农业，实现生态农业与生态旅游业的叠加融合与双赢。②林粮牧业型生态农业模式：有些城镇生态脆弱，植被覆盖低，水土流失严重，低洼地多洪涝灾害。为了改善脆弱的生态环境，必须实行荒坡地植树造林，沟渠排水，把荒山变成绿地。促进农业发展。经济林、果树等都有很好的经济效益。退耕还林的部分地方，可适当种植草业，种草比种树见效快，而且草的适应性强，可以减少土壤水分蒸发，保持水土，为畜牧业提供原料，经济效益见效快。

（3）生态服务业模式：生态旅游模式。这是一种旅游业与维护生态环境相结合的模式。此类城镇主要分布在自然生态功能区内，具有较好的生态条件，自然风貌保持良好，还有文物古迹等旅游资源，这类城镇在产业发展战略上主要依赖其旅游优势资源，大力发展生态旅游业。同时带动住宿、餐饮等项目，增加多方位需求。生态旅游可以认为是建立在可持续基础上的自然旅游。由于它注重高科技投入和以保护生态平衡为前提，所以给游客提供了良好的生态观光休闲环境。

（4）生态物流模式：这是一种生态物流业与现代农业相结合的模式。此类城镇常常地处铁路、公路的交通枢纽地带，承载一定范围内的物流中转功能，在发展上有便捷的交通条件和仓储物流业支持。因此应发展以物流业为主导的生态服务业。

（5）生态居住模式：生态化城镇建设要注重完善基础设施，努力改善人居环境。为此，政府要坚持将道路建设、供排水工程、环境工程、美化量化工程、居住和卫生条件、改变市容市貌、镇容镇貌结合起来，使水、电、路、通讯畅通，提升城镇的智能化水平，构建合理的生态城镇体系，完善城镇综合服务功能，建设生态居住社区，完善各类公共设施配套，塑造便捷、舒适、具有地方特色的生态人居环境。

（6）生态消费模式：生态消费是生态化城镇建设的一项重要任务，要改变浪费资源、破坏环境的旧的消费方式，构建生态型消费模式，践行"低碳消费"方式，关键是要形成政府、居民、企业三方面联动机制。对于居民而言，要在意识领域树立生态消费观，摒弃"面子消费"，倡导简单生活。对于政府来讲，压缩公共开支，抵制奢靡消费，培育廉洁政府。对于企业来讲，按"3R"原则安排生产消费，按企业效益最大化、员工收益最大化安排生活消费。

4. 环境教育。城镇活动的主体是人，强调人人参与，因此实现对城镇各层次、各行业市民的环境教育是创建生态城镇的重要保障，也是生态城市规划的一个重要方面。典型做法是：为市场运作创造条件，通过与经济利益相结合，将环保事业推向市场；创造合作的机会，如学校、机关和社区等，扩大社会影响；深入宣传生态思想，转化为每个人日常生活中的实际行动；通过政策、法令强制执行环保律令。

（五）生态化城镇建设的主要标准

生态化城镇建设的标准，需要从社会生态、自然生态、经济生态三个方面来确定。社会生态的基本原则是以人为本，以满足人的各种物质和精神需求为目标，通过创建自由、平等、公正、稳定的社会环境来实现；经济生态的基本原则是保护和合理利用一切自然资源和能源，以提高资源的再生和高效利用为目标，通过可持续的生产、流通、交换、消费和健康环保的生活方式来实现；自然生态的基本原则，是遵循自然规律，认同自然价值，给自然生态以最大限度的保护，减少对自然环境的过度利用，通过健康、有序的开发建设活动保持自然环境的良好承载力和自组织能力来实现。具体说来，生态化城镇的建设应满足以下八项标准：第一，广泛应用生态学原理规划建设城镇，务使城镇定位准确、布局科学、结构合理、功能协调、差异化特色明显；第二，生态化改造传统产业，引入新兴产业和业态，逐步构建生态产业体系，尽量使产业结构合理，产业优势突出、产业特色明显，产业集聚度高，产业竞争力强，居民的就业和择业机会能满足需要，居民就地城镇化的水平高；第三，保护并高效利用一切自然资源与能源，采用可持续的生产、消费发展模式，努力实现清洁生产，使物质、能量循环利用率高，最大限度减少资源浪费和环境污染；第四，有完善的公共设施和基础设施，生存环境好、生活便利、生活品质优良，文化多样性明显，居民幸福指数高；第五，人工环境与自然环境有机结合，二者共生互补，环境亲和力好，环境友好程度高；第六，保护和继承文化遗产，彰显不同地域居民的文化习性和生活特性；第七，居民的身心健康，有自觉的生态意识和环境道德观念；第八，有完善、动态的生态调控管理与决策系统。

三、生态化城镇建设的经验借鉴

(一) 国外的生态城市建设实践

自 20 世纪 70 年代生态城市概念提出至今，各国在对生态城市进行理论梳理和探索的同时，也在实践方面取得了积极的进展，并积累了丰富的经验。目前，美国、巴西、丹麦、德国、瑞典、加拿大、澳大利亚及亚洲的日本、新加坡等国家都已成功地进行了生态城市建设。

日本建设省从 1992 年开始组织专家学者探讨生态型城市建设的基本概念及具体步骤。澳大利亚于 1994 年在阿德莱德市启动了生态城市建设计划，并制订了衡量生态型城市的具体标准。到目前为止，美国加利福尼亚的伯克莱生态城市计划、旧金山的绿色城市计划、丹麦的生态村计划、加拿大的哈利法克斯计划都取得了一定程度的进展。新加坡已建成举世闻名的花园城市，一些发展中国家也在生态城市的建设上取得成功，如巴西库里蒂巴市的成功经验已引起广泛关注。位于巴西南部的库里蒂巴是巴西的生态之都，被认为是世界上最接近生态城市的城市。

国际生态城市运动的创始人，美国生态学家理查德·雷吉斯特于 1975 年创建了"城市生态研究会"，随后他领导该组织在美国西海岸的伯克利开展了一系列的生态城市建设活动，在其影响下美国政府非常重视发展生态农业和建设生态工业园，这有力地促进了城市可持续发展，伯克利也因此被认为是全球"生态城市"建设的样板。

根据理查德·雷吉斯特的观点，生态城市应该是三维的、一体化的，而不是平面的、随意的。同生态系统一样，城市应该是紧凑的，是为人类而设计的，而不是为汽车设计的，而且在建设生态城市中，应该大幅度减少对自然的"边缘破坏"，从而防止城市蔓延，使城市回归自然。

在"城市生态研究会"创建之前，理查德·雷吉斯特组织一批建筑工程师、城市规划者、承包商和热衷于新能源的技术人员，共同成立了"建筑生态俱乐部"，他们提出一个叫"整合邻里"的设想。1980 年，以整合邻里项目为中心，Farallones 研究所在伯克利购买并整修了一座建筑，他们把它叫"整合的城市房"，在它的南面有一个被动式太阳能温室，屋顶上有太阳能热水板，粪便在干燥厕所内堆积，加上厨房和院子的堆肥来做花园的肥料。另外这里还建造了一些以电力或水力为动力的风车，既可作为展览和娱乐，也可作其他用途。但是由于某些原因，该项目其他的设想未能实施。

后来成立了"城市生态研究会"，他们为了继续在伯克利推行生态城市建设的思想，设计了一个六街区的慢行道，设立减速卡，来降低车速。将公交汽车引入街区，从此来取代小汽车。在繁忙的街区，公交车可以代替 5～30 辆汽车，因此这显得非常重要。有了慢行道、公交线、太阳能温室、果树以及社区堆肥系统，整合邻里的设想就实现了 20%。

关注居住区街道安全和人性化需求也是生态城市建设必不可少的内容。20 世纪 80 年代，美国新城市主义认识到现代城市中步行与机动交通结合的重要性，主张社区以步行为尺度，增强邻里感，降低对私人汽车的依赖，鼓动公共交通。在此基础上产生"步行口袋"主张：在半径约 400 米、5 分钟步行范围内采用紧凑的布局，社区内部基本以步行方式为主，建设平衡的多功能区域，包括低层高密度住宅、办公楼、商店、幼儿园、体育设施及公园，人们可步行上班、购物并娱乐。

总之，通过建设慢行道、恢复退化河流、沿街种植果树、建造利用太阳能的绿色居所。

位于巴西南部的库里蒂巴被认为是世界上最接近生态城市的城市。该市制定的可持续发展城市规划受到全世界的赞誉，尤其是公共交通发展受到国际公共交通联合会的推崇，世界银行和世界卫生组织都给予库里蒂巴极高的评价。该市的废物回收和循环使用措施以及能源节约措施也分别得到联合国环境署和国际节约能源机构的嘉奖。1990 年，它被联合国命名为"巴西生态之都""城市生态规划样板"。库里蒂巴的城市开发规划有着独特的做法：沿着 5 条交通轴进行高密度线状开发，改造内城；以人为本而不是以小汽车为本，确定优先发展的内容；增加公园面积，改进公共交通。库里蒂巴鼓励混合土地利用开发方式，总体规划以城市公交路线所在道路为中心，对所有的土地利用开发进行了分区。在社会公益方面，库里蒂巴新建图书馆系统，帮助无家可归的人，提供各种实用技能培训，加强公园和绿地建设项目，改善环境并保护文化遗产，实施垃圾回收项目。在公众环境教育方面，库里蒂巴在学校对儿童进行与环境有关的教育，并在免费环境大学对一般设市民提供环境教育。

德国的埃尔兰根是一个只有 10 万人口的小城市，从 20 世纪 70 年代起，就开始了生态城市建设，在城市发展决策中同时考虑环境、经济和社会三方面的需求和效益。埃尔兰根的主要做法包括：在景观规划的基础上制定可持续发展总体规划，高度重视重要生态功能区的保护，在城区内及周边地区建设更多的绿地和绿带，在城市区划规划中充分尊重生态限制，确保经济和社会在生态承载力范围内快速发展，广泛开展节能、节水活动，采用多种措施防治水、气、土壤污染，实行步行、公交优先的交通政策，确保行人、自行车与汽车享有同等权利。

丹麦哥本哈根将生态城市建设当成一个内容十分丰富的综合性项目。它重点推行了绿色账户，并设立生态市场交易日。绿色账户记录了一个城市、一个学校或一个家庭日常活动的资源消费，提供了有关环境保护的背景知识，有利于市民提高环境意识，并为有效削减资源消费和资源循环利用提供依据。作为改善地方环境的一项创意活动，从 1997 年 8 月开始的每个星期六，哥本哈根的商贩们携带生态产品在城区中心广场进行交易，这一活动鼓励了生态食品的生产和销售，同时也让公众了解到生态城市项目的其他内容。

澳大利亚怀阿拉的生态城市项目开始于 1997 年，充分融合了可持续发展的各种技术，其战略要求包括：设计并实施综合的水资源循环利用计划，在城市开发政策上实行强制的控制，对新建住宅和主要的城市更新项目要求安装太阳能热水器，并在设计上改进能源效率，对安装太阳能热水器给予财政刺激措施，形成一体化的循环网络和线状公园，建立能源替代研究中心。

瑞典第三大城市马尔默是一个传统的工业和贸易城市。1996 年，马尔默参与举办了一次欧洲建筑博览会，以地区规划、建筑、社区管理等方式进行持续发展的超前尝试，促使城市发展转型。马尔默的生态城市建设项目被称为"明日之城"，它于 2001 年获欧盟的"推广可再生能源奖"。经过改造的马尔默西部滨海地区成为世界领先的可持续发展地区，朝着"生态可持续发展和未来福利社会"迈进了一大步。

在亚洲，日本、新加坡的生态城市建设也各有特色。日本的九州市从 20 世纪 70 年代初开始了以减少垃圾、实现循环型社会为主要内容的生态城市建设。九州市提出的"从某种产业产生的废弃物为别的产业所利用，地区整体的废弃物排放为零"的生态城市建设构想，包括了环境产业的建设、环境新技术的开发和社会综合开发三个方面的内容。为了提高市民的环保意识，北九州开展了各种层次的宣传活动：政府组织开展了汽车"无空转活动"，以各种宣传标志，减少和控制汽车尾气排放；家庭自发开展的"家庭记账本"活动，将家庭生活费用与二氧化硫的削减联系起来；全社会则开展了以美化环境为主题的"清洁城市活动"等。千叶新城从规划开始就以建立生态型城市为主要目标，采取了生态、原生态与网络化兼具的开发模式；大阪强调利用大量最新技术措施来达到生态城市建设的可能。新加坡是世界著名的"花园城市"。为确保在城市化进程中仍拥有绿色和清洁的环境，新加坡人有着强烈的追求人与自然和谐共处的观念，推崇天人合一。新加坡城市规划中专门有一章"绿色和蓝色规划"，充分利用水体和绿地提高新加坡人的生活质量。在规划和建设中，特别提出了如下内容：建设更多的公园和开放空间；将各主要公园用绿色廊道相连；重视保护自然环境；充分利用海岸线并使岛内水系适合休闲需求。在这个蓬勃发展的城市，是植物创造了凉爽的环境，弱化了钢筋混凝构架和玻璃幕墙僵硬的线条，增加了城市的色彩，新加坡城市建设的目标就是让人们在走出办公室、家或学校时，感到自己身处于一个花园式的城市之中。

（二）当今国外生态城市建设的几大趋势

目前国外生态城市开发趋势已经从传统的小城镇延伸到一些开发时间较长、城市空间较大、产业形态复杂的国际大都市。这些城市不仅包括发达国家的城市，也包括发展中国家的城市。梳理这些城市的生态城市建设过程，大致可以看出以下几大趋势。

一是发展紧凑型城市。紧凑型城市强调混合使用和密集开发策略，使居民居住在更靠近工作地点和日常生活所必需的服务设施周围。紧凑型城市不仅是地理概念，更强调城市内在的紧密关系以及在时间、空间上的布局。紧凑型城市主张居民的高密度居住、对汽车的低依赖、城乡边界和景观明显、混合土地利用、生活多样化、居民身份明晰、社会公正、日常生活自我丰富等八个方面。学者认为，紧凑的城市形态无疑是生态城市得以实现的良好基础。土地的集约化利用，不仅减少了资源的占用与浪费，还使土地功能的混合使用、城市活力的恢复以及公共交通政策的推行与社区中一些生态化措施的尝试得以实现。可以说，紧凑型城市开发模式的目标是为了实现城市的可持续发展。

二是以公共交通为导向的开发规划模式。国外的一些生态城市在实践中大都采取了一些创造性的改革措施，以解决城市中人们过度依赖机动车所带来的局限及所产生的环境问题。确保城市公共交通的优先权是公共交通导向的主要原则，基于此，快速公共交通和非机动交通得到大力发展，私人小汽车的使用率有所降低。以公交导向为城市开发规划模式的巴西库里蒂巴市，城市化进程迅速，人口从 1950 年的 30 万增加到 1990 年的 210 万，但它在快速的城市化进程中却成功地避免了城市交通拥堵问题的产生。

三是生态网络化得到重视。国外的生态城市，尤其是一些亚洲和欧洲的城市，所进行的城市生态环境改善与实践值得人们特别关注。德国的弗赖堡市把环境保护与经济的协调发展视为整个城市和区域发展的根本基础，并为此制定了可行的环境规划、城市规划、能源规划和气候保护规划。日本千叶市高度尊重原有自然地貌，在城市地区对湖泊、河流、山地森林等加以精心规划，并辅以相应的景观设计，形成了十几个大小不一、景观特色各异、均匀分布于城区的开放式公园。由于城市生态系统的网络化，使生态系统与城市市民休闲娱乐空间得以紧密地结合。

四是引入了社区驱动开发模式。生态城市的成功最终是要依靠社区居民来实现的。社区驱动开发模式与公众参与密切相关，强化了公众作为城市的生产者、建设者、消费者、保护者的重要作用。新西兰的维塔克市在生态城市蓝图中阐明了市议会和地方社区为实现这一前景所需要采取的具体行动，明确了市议会对生态城市建设的责任、步骤和具体行动方案。

五是大量采用绿色技术。国外的生态城市在开发过程中，将城市纳入生态系统的主要组成部分加以考虑，高度重视城市的自然资源。可再生绿色能源的开发和利用，特别是生态化的建造技术在城市建设中得到了倡导。日本大阪利用了大量最新技术措施来达到生态住宅的理想目标，如太阳能外墙板、中水和雨水的处理再利用；设施、封闭式垃圾分类处理及热能转换设施等。西班牙马德里与德国柏林合作，重点研究、实践城市空间和建筑物表面用绿色植被覆盖，雨水就地渗入地下。同时还推广建筑节能技术材料，使用可循环材料等。这些举措较好地改善了城市生态系统状况。

（三）国外生态城市建设实践带给我们的启迪

国外的生态城市建设，在土地利用模式、交通运输方式、社区管理模式、城市空间绿化等方面进行了有益的探索，也积累了一定经验，它既为世界其他国家提供了建设生态城市的范例，也对我国的生态城市建设有着重要的启迪和借鉴。

我国目前的新型城镇化建设与生态城镇化建设目标之间还有较大差距，主要是：严重的工业污染、大气污染和农业面源污染使城镇人口在享受发展改革成果的同时也同样"分享"了严重的雾霾、污染的地表水、重金属超标及有农药残留的农副产品；城镇化的快速推进与新型城镇化、特别是生态城镇建设目标之间产生偏差甚至背离，沿袭传统城镇建设思路和模式的趋势并未得到有效扭转，致使各种"城市病"广泛存在；各种城市垃圾不利于城市环境保护与治理，噪音、电磁污染日益加剧，影响城市环境改善。

从国外生态城市建设的实践中，我们可以得到如下启迪：城市生态环境承载能力是城市发展的重要基础。从生态学角度看，城市发展以及城市人群赖以生存的生态系统所能承受的人类活动强度是有限的，即城市发展存在生态极限。建设生态城市，实现城市经济社会发展模式转型，必须坚持城市生态承载力原则，科学地估算城市生态系统的承载能力，并运用技术、经济、法律、社会、生活等手段来保持和提高这种能力，如合理控制与调整城市人口总数、密度与构成，综合规划和培育城市的产业种类、数量、结构与布局，重点关注直接关系到城市生活质量与发展规模的环境自净能力与人工自净力，关注城市生态系统中资源的再利用问题，以及合理测度和设置一个城市的生态足迹。

生态城市建设需要加强区域合作和城乡协调发展。一个城市只注重自身的生态性是不够的，需要综合考虑经济相关地区、土地毗邻地区、流域下游地区的生态环境问题，那种为了自己发展，不惜掠夺外部资源或将污染转嫁于相关地区、毗邻地区或流域下游地区的做法显然同生态化发展理念相悖。为此，城市间、区域间乃至国家间必须加强生态合作，建立生态伙伴关系，共享技术与资源，形成互惠共生的网络系统。

生态城市建设需要切实可行的规划目标作保证。国外的生态城市建设都制定了明确的目标并且以具体可行的项目内容做支撑。面对纷繁复杂的城市生态问题，国外的生态城市建设从开始就注重对目标的设计，从小处入手，具体、务实，直接用于指导实践活动。美国的伯克利被誉为全球生态城市的建设样板，其实践就是建立在一系列具体的行动项目之上，如建设慢行车道，恢复废弃河道，沿街种植果树，建造利用太阳能的绿色居所，通过能源利用条例来改善能源利用结构，优化配置公交线路，提倡以步代车，推迟并尽力阻止快车道的建设等。清晰、明确的目标，既有利于公众的理解和积极参与，也便于职能部门主动组织规划付诸实施，保证了生态城市建设能够稳步推进并不断取得实质性的成果。

生态城市建设需要以发展循环经济为支撑。从某种意义上讲，发展循环经济是实现城市经济系统生态化的重要支撑力量，是建设生态城市成功与否的关键。将可循环生产和消费模式引入到生态城市建设过程是生态城市建设的重要内容。日本的九州市从20世纪90年代初开始以减少垃圾、实现循环型社会为主要内容的生态城市建设，提出了"从某种产业产生的废弃物为别的产业所利用，地区整体的废弃物排放为零"的构想。澳大利亚的怀阿拉市则制定了传统的能源保证与能源替代、可持续的水资源使用和污水的再利用等建设原则，解决了长期困扰该市的能源与资源问题。

生态城市建设需要有完善的法律政策及管理体系作保障。国外的生态城市建设部制定了完善的法律、政策和管理保障体系，以保证生态城市建设顺利健康发展。政府通过改革，制定出包括政府采购政策、建设计划、雇佣管理以及其他政策来明显减少对资源的使用，以保证城市可持续性的发展。在已建设的生态城市经济区内，政府认识到可持续发展是一条有利可图的经济发展之路，可以促进城市经济增长和增强竞争力。例如，一些外国政府建立了生态城市的全球化对策和都市圈生态系统管理政策等，它们已成为生态城市快速健康发展强有力保障和支撑。

生态城市建设需要公众的热情参与。国外成功的生态城市在建设过程中都鼓励广泛的公众参与，无论从规划方案的制定、实际建设推进过程，还是后续的监督监控，都有具体的措施保证公众的广泛参与。城市的建设者或管理者都主动地与市民一起进行规划，有意与一些行动团队特别是与环境有关的团队合作，使其在一些具体项目中既能合作又能保持相对独立。这种做法在很多城市收到了良好的效果。可以说，广泛的公众参与是国外生态城市建设得以成功的一个重要环节。

四、我国的生态化城镇建设历程

(一) 我国生态化城镇建设回溯

我国生态化城镇建设是伴随着经济高速增长、传统工业化和城镇化水平不断提高伴生的城市环境恶化、人口、资源与环境矛盾日益加剧而应运而生，大致经历了认识逐步深化与理论探索、解决具体生态环境问题及全面建设生态城镇三个阶段。

1. 认识深化与理论探索阶段：在传统的城镇化进程中，工业化、城镇化的发展与生态环境以及人的发展之间的冲突日益凸显。首先，以城镇为中心的人口聚集带来持续的资源消耗、环境污染、用地紧张、住房短缺、供水不足、基础设施滞后等问题；其次，交通拥堵以及由此带来的出行成本增加、交通安全问题、交通能耗与环境污染等问题；再次，工业化、城镇化加剧了水资源、土地资源、生物资源、矿产与能源等的供给压力；最后，城镇化过程中出现的城镇水环境污染、空气污浊、噪声污染、垃圾包围、温室效应、酸雨危害、毒物及有害废弃物扩散等问题有日益加剧的趋势，加之一些城镇落后的规划理念和建设思路导致的城镇历史文化和地方特色遗失等问题已极为突出。在此情况下，城镇建设认识逐步得到深化，通过反思和理论探索，一种全新的既能建设好城镇，又能保护好生态环境的城镇化建设理念和模式被引入，这就是生态城镇。

20 世纪 70 年代以来，以城市可持续发展为目标，以现代生态学的理论和方法来研究城市，逐步形成了现代意义上的生态城镇理论体系。1971 年，联合国教科文组织在实施"人与生物圈"（MAB，Man and Bio）研究计划中最早提出了从生态学的角度用综合的生态方法来研究城市问题以及城市生态系统的思路，并构想建设"从自然生态和社会心理两方面去创造一种能充分融合技术与自然的人类活动的最优环境，诱发人的创造力和生产力，提供高水平的物质和生活方式"的人类理想的居住环境，它既体现了人类生态文明意识的觉醒，也为城镇化的方向做了新的定位。

中国当时的城镇化水平还不高，城镇化过程中的生态环境问题还未凸显，但中国于 1971 年积极参与了联合国"人与生物圈"（MAB，Man and Bio）研究计划，参加了该计划的国际协调理事会，并当选为理事国。1976 年，城市生态环境问题研究正式列入中国国家科技长远发展计划，许多学科开始从不同领域研究城市生态学，并在理论方面进行了有益探索。1978 年，建立了中国"人与生物圈"（MAB）研究委员会，1982 年 8 月 28 日在第一次城市发展战略会上提出了"重视城市问题，发展城市科学"的主张，并把北京和天津的城市生态系统研究列入 1983～1985 年的国家"六五"计划重点科技攻关项目。1984 年 12 月，在上海举行的"首届全国城市生态学研讨会"，可以看做中国城市生态学研究、城市规划和建设领域的一个里程碑；同年成立了中国生态学会城市生态专业委员会，为推进中国生态学研究的进一步开展和国际交流开创了广阔的前景。在理论探索的同时，1986 年，江西省宜春市提出了建设生态城市的发展目标，并于 1988 年初进行试点工作，这可以认为是我国生态城市建设的第一次具体实践。宜春市的城市规划与建设应用环境科学的知识、生态工程的方法、系统工程的手段、可持续发展的思想，在市域范围内调控自然、经济、社会的复合生态系统。可以说，宜春市的生态城市建设开启了我国生态城镇建设的探索之旅。

2. 城镇生态环境整治阶段：中国生态城镇建设的实践是从具体的城镇生态环境问题整治入手的。1988 年 7 月，国务院环境保护委员会发布《关于城市环境综合整治定量考核的决定》，指出"当前我国城市的环境污染仍很严重，影响经济发展和人民生活。为了推动城市环境综合整治的深入发展，使城市环境保护工作逐步由定性管理转向定量管理"，将城市环境的综合整治纳入城市政府的"重要职责"，实行市长负责制并作为政绩考核的重要内容，制定了包括大气环境保护、水环境保护、噪声控制、固体废弃物处置和绿化等 5 个方面在内共 20 项考核指标。可以说，"城市环境综合整治考核"是我国城市建设思想发生转变的开始，促使人们认识污染防治以及生态环境建设在城市发展过程中的重要作用。

为了提升城市生态环境保护水平，从单纯的环境问题整治提升到城市生态环境建设。"九五"期间，我国制定了《国家环境保护"九五"计划和 2010 年远景目标》，提出城市环境保护"要建成若干个经济快速发展、环境清洁优美、生态良性循环的示范城市，使大多数城市的环境质量基本适应小康生活水平的要求"。国家环境保护总局于 1997 年决定创建国家环境保护模范城市，先后有 30 多个城市被命名为国家环境保护模范城市，为全面推进生态城市建设打下良好的基础。

3. 生态城镇建设全面推进阶段：2000 年，国务院颁发了《全国生态环境保护纲要》，明确提出要大力推进生态省、生态市、生态县和环境优美乡镇的建设。生态省（市、县）建设，就是以生态学和生态经济学原理为指导，以区域可持续发展为目标，以创建工作为手段，把区域（省、市、县）经济发展、社会进步、环境保护三者有机结合起来，总体规划、合理布局、统一推进，努力消除现阶段条块分割、部门职能交叉、相互掣肘的管理体制弊端，将区域（省、市、县）可持续发展的阶段性目标时限化、具体化、责任化，把区域小康社会建设的宏伟目标转化为扎实的社会行动。2003 年 5 月，国家环保局发布《生态县、市、省建设指标（试行）》，根据可持续发展三大支柱的内涵，从经济发展、生态环境保护、社会进步三个方面制定了生态省、生态市和生态县建设指标体系，对生态城市建设的评价标准做出了比较明确的规定。2006 年，先后制定了《全国生态县、生态市创建工作考核方案（试行）》和《国家生态县、生态市考核验收程序》，对生态城市建设、验收、评价、考核等工作提供了具体的考查标准和有力的政策指导。2008 年 1 月，又对相关指标进行了修订，以期在实践工作中更具指导性和操作性。

（二）我国生态化城镇建设实践活动

中国的生态城市建设实践起步于 20 世纪 80 年代，至 90 年代末，已形成了一套以社会—经济—自然复合生态系统为指导的建设理论与方法体系。1986 年，江西宜春市提出建设生态城市的发展目标。随后长江流域各大城市相继提出建设生态城市的发展战略，各地在生态市、生态县、生态示范区、生态村、生态小区等层面上建立了一些很有推广价值的示范点，对城市的转型建设产生了巨大的推动作用。1994 年，上海明确提出尽快把上海建设成一个清洁、优美、舒适、人与自然高度和谐的生态城市。1996 年，威海市提出了"不求规模，但求精美"的城市建设指导方针，并设定了"基础设施现代化、城市环境生态化、产业结构合理化、生活质量文明化"的生态城市建设总体思路。重庆市把未来发展目标定位为"21 世纪生态城乡大都会"。另外，北京市、长春市、扬州市、杭州市、宁波市、深圳市等都提出生态城市建设的战略目标。

与此同时，与生态城市相类似的"园林城市""环境保护模范城市""清洁生产城市"等专项城市建设也取得了很大成绩。自 1992 年开展创建"园林城市"活动以来，已评出 19 个国家级"园林城市"；自 1987 年张家港被授予"国家环保模范城"称号后，已有大连、深圳、厦门、威海、珠海、长春、扬州等 24 个城市获此殊荣。此外，海南、吉林、黑龙江、江苏、浙江先后获得国家批准建设生态省，江西建设生态经济区，云南建设绿色经济省。最近几年，中国城市规划学会、中国生态学会以及其地方学会举办了多次全国性或地方性学术讨论会，将生态城市建设的学术研究与交流推向了高潮。2006 年，住建部筹划编订了《宜居城市科学评价标准》，将《宜居城市科学评价指标体系研究》列入 2006 年度软科学研究课题。所有这些都表明，生态城市建设已成为当今中国城市发展的主流。

在这些生态城市建设过程中，经国家环保总局考核、公示和审定，江苏省张家港市、常熟市、昆山市、江阴市、太仓市以及山东省荣成市被评为国家生态市；上海市闵行区、深圳市盐田区被评为国家生态区；北京市密云县、延庆县和浙江省安吉县成为国家生态县。这些国家级生态建设示范区为相关城市的生态建设提供了很多可资借鉴的实践经验。

2008 年 7 月 8 日，由中共中央编译局与厦门市委市政府合作完成的国内首个生态文明建设（城镇）指标体系诞生，该指标体系共包含 30 个指标，除人均 GDP、单位 GDP 能耗、清洁能源使用率、工业用水重复利用率等常见指标外，还包含建成区绿地率、无公害农产品绿色食品和有机食品认证比例、居民平均预期寿命以及公众对城市环境保护的满意率等新指标，科学化地对生态文明建设内涵进行了详细的解读，也对生态城镇建设的正确决策、科学规划、定量管理、准备和评价、具体实施提供科学依据，为加快我的的生态城镇建设起到了积极的推动作用。

从目前的生态城镇建设实践看，沿海地区的建设状况较好，而西部地区还比较薄弱，甚至尚未启动。宜春、马鞍山、珠海、威海、崇明岛、日照、青岛、大连、扬州、烟台等地根据自己原有资源条件，相继提出了建设生态城镇的目标和口号，并随之开展了实际的建设。中新天津生态城是目前正在建设的生态城之一，对天津生态城指标的研究可以发现，天津在生态城建设指标制定过程中，使用了"本地植物指数""绿色出行所占比例""垃圾回收利用率""步行 500 米范围内有免费文体设施的居住区比例""危废与生活垃圾（无害化）处理率""经济适用房、廉租房占本区住宅总量的比例""可再生能源使用率""非传统水资源利用率""就业住房平衡指数"减少"日人均生活耗水量""日人均垃圾产生量"和"自然湿地净损失"等一系列指标要素，构建了较为合理的建设指标体系，是目前的典范之作。

此外，在生态化城镇建设过程中，一项重要的任务是通过生态教育，改变人们的生活方式，让人们开展生态的生活模式。吴琼和王如松等早在2005年的《扬州生态城镇评价指标体系》一文中就提出"市民环境知识普及和参与率"的指标，突出了对市民进行生态城镇教育的必要性，笔者认为这是可行的；同时还认为，应充分发挥政府在生态城镇的建设过程中的主导作用，为生态城镇建设提供更多的公共产品。

（三）我国生态化城镇建设的特点与挑战

1. 我国生态化城镇建设的特点。中外在生态化城镇建设的理论与实践上有许多共性，例如都很注重科学的城市建设规划，都强调良好的城市绿地系统的建设，都注重城市社会、经济与自然的协调发展等。但也要看到，由于受我国生态城市建设起步稍晚，区域经济发展水平和生态环境差异大，城镇化人口数量大等因素的限制，其建设方法和侧重点与国外有所不同，具有较明显的国情、省情和地情差异。总体说来，我国的生态城市建设体现出以下个性特点：

（1）生态城市建设的地区差异性大：我国地域辽阔，各地区的自然状况、经济发展水平、社会背景等基础条件各异，并形成各自的特点，在各自的生态城市建设中有不同的城市定位，如长春市提出建立"森林城市"，昆明提出建立"山水城市"，威海提出建立"以高新技术为主的生态化海滨城市"，而贵阳则是国家环保总局确定的首个循环经济型生态城市试点市。此外，不同的自然、经济和区域文化背景使各市在生态城市建设指标体系的设置上体现出区域特点，例如在水资源利用方面，不同城市由于产业结构和发展水平等的差异，单位 GDP 水耗的目标值也必定有所不同。

（2）生态城市建设有相关的依据：国家环保总局早在 2004 年出台的《生态县、生态市建设规划编制大纲（试行）》，被看作是生态城市建设的开端。目前，多个城市都已完成了生态城市建设规划的编制，如广州、昆明、天津、石家庄等，还有越来越多的城市正在编制各自的生态城市建设规划。规划中设定了具体的指标和阶段性目标值，并提供一系列项目确保规划的实施，是生态城市建设的最有力的依据。

（3）较完整的建设评价指标体系：为客观评价生态城市建设的进程和质量，国家环保总局颁布了《生态县、生态市、生态省建设指标（试行）》，共包含反映经济发展、环境保护、社会进步三方面的 28 项指标，作为检验生态城市建设步伐的标准；2008 年初又颁布了《生态县、生态市、生态省建设指标（修订稿）》，在结构、指标选取及目标值等方面对《试行》指标做了修改。同时，各城市根据其独有的经济、社会、环境发展趋势和阶段性特征，制定适用于各城市的指标体系和阶段性目标值。

（4）注重生态功能区划的作用：生态功能区划是我国生态城市建设的一个特色。在全面进行生态环境现状、生态脆弱性和生态服务功能评价的基础上，从城市现有的空间布局和区域生态系统特征出发，规划生态功能分区方案。并明确各生态功能分区的生态系统特征、功能、发展方向与保护目标，指导其自然资源合理开发利用和有效保护，同时为城镇产业布局提供科学依据。

（5）强调发展循环经济的重要性：21 世纪初，我国开始大力提倡发展循环经济。循环经济发展和生态城市建设的目标是一致的，即都是保护环境目标和保护有限的物质资源。具体而言，我国的生态城市建设从产业政策、产业布局、产业结构调整、建立产业园区、推进企业清洁生产等角度规划完整的循环经济和生态产业发展体系，将其作为生态城市建设的重要内容。

（6）突出城市重点领域的建设：我国的生态城市建设强调从城镇生态环境的改善、经济、社会、文化等各个领域全面推进。大体说来，主要的建设领域在于：强调能源资源约束下的生态产业体系与循环经济建设；强调包括湖泊、河流、水库、湿地等在内的水体在城市中发挥的作用，即进行生态水域的建设；注重和谐社会的生态文化建设；进行高效、可持续的生态交通建设、自然资源体系和环境体系建设。

（7）注重发挥规划环评的作用：根据 2003 年 9 月 1 日开始正式实施的《中华人民共和国环境影响评价法》，规划环境影响评价指的是在规划的编制阶段，对规划实施后可能造成的环境影响进行分析、预测和评价，提出预防或减轻不良环境影响的对策和措施，并进行跟踪监测的方法和制度。生态城市建设过程中将会有一系列与之相关的指标和措施，并反映在政府及其部门组织编制工业、农业、能源、交通、旅游等专项规划中。规划环境影响评价通过对这些专项规划的环境影响进行系统和综合性的评价，在评价指标体系、评价方法、评价技术路线中体现出生态城市建设的思想，是我国生态城市建设的有效保障。

2. 我国生态化城镇建设中存在的不足。在具体的生态城市建设实践中，各地程度不同地存在如下不足：

（1）建设意识不强，公众参与度不够：生态城市建设应秉持的生态理念与意识不强烈，公众的参与度不够，可持续发展的生态城市建设理念还没有成为广大干部群众的自觉意识和行动。公众参与的主要形式仍然属于政府倡导下的被动参与；从公众参与的内容看，目前主要集中在参与宣传教育方面；从公众参与的过程看，主要侧重于事后的监督，事前的参与不够；从公众参与的保障看，政府组织的较多，制度性、政策性的建设不够；从公众参与的效果看，流于口头的多，见诸行动的少。综合来看，公众大都属于表层和非制度性参与，参与的主动性不强，效果不佳。因此，我国急需建立生态城市建设的公众参与法律、制度和政策，从规制上激励和约束公众的参与行为。

（2）形象整齐划一，缺乏个性特色：生态城市建设片面追求整齐划一、观赏效应，缺少地方特色，一些原来颇具地方特色及民族特色的城市，正在被着装一致、格调相近的新建筑所淹没，忽视了不同城市生态系统的个性特色。有的地方政府为了制造政绩，一味追求雷同化的城市美化亮化硬件条件，破坏了原有的自然生态系统，营造了越来越多的同一化的人工环境或人工模拟环境，从而使城市演变成"千城一面"的人工复合生态系统，使城市看上去显得僵硬，缺乏生态活力和美感，也缺乏文化个性特色。就生态城市建设来说，不应该以自然生态环境的丧失为代价，也不应该不分地域、不分资源禀赋地用工业化手段"制造城市"，而要尽可能地保护原有的自然生态系统，深度挖掘地方文化特色资源，并将其融入城市建设内涵，使城市景观、城市特色文化形象与符号同自然生态系统深度融合，和谐共生，相得益彰，打造个性突出、形象鲜明、识别度高的新型城市。

（3）注重经济效应，淡化生态功能：在生态城市建设过程中，受经济利益的驱动和GDP考核的约束，一些地方淡化生态资源培植，轻视生态功能提升，重视经济建设，忽视生态环境建设，甚至不惜以牺牲环境为代价换取经济增长和就业增加；注重了经济福利，放弃了环境福利，从战略上背离了城市建设的目的在于提升人们的生活幸福指数。依据生态经济学法则，在城市经济运行中，城市经济系统不是孤立的，城市经济系统必须与生态系统相协调，只有既重经济效益，又重生态功能，尽可能实现经济和生态的"双赢"，才能实现生态资源与经济资源的有机结合，达到资源最佳匹配状态，实现生态结构和经济结构的进一步优化。

（4）水生态环境问题突出：生态城市建设中的水生态环境地质问题比较突出，城市地面过度硬化的现象非常普遍。地面过度硬化会产生弊端：一是滞留地面的雨水易造成内涝，开启内陆城市的"看海模式"，并易形成交通拥堵甚至瘫痪，给车辆和行人带来安全隐患；二是地下水得不到补充，造成缺水，使城市树木生长受到威胁；三是由于地上水下渗减少，使城市土壤具有的环境净化功能不能产生有效作用，土壤的水库功能不能发挥；四是过度地城市地面硬化加剧了城市热辐射，使城市热岛效应进一步加大。

3. 我国生态化城镇建设面临的挑战。虽然国内学术界对生态城镇建设的理论和实践做了多方面的积极探索，但生态城镇建设理论对目前的新型城镇化建设影响还相当有限，还面临诸多挑战。

（1）对生态城市的理解还不够充分和深入。许多人认为，由政府推动建设的环境优美的城市即为生态城市，并将"卫生城市""花园城市"等同于生态城市，致使生态城市内涵模糊，形象不清。其实，生态城市有严格的内涵规定。首先，真正意义上的生态城市，其核心是"人与自然的高度和谐"，它意味着城市的发展、城市居民的生产、生活要以自然生态系统为依托，人的各项活动要顺应自然生态系统发展及演替规律，最终达到人与自然的共生共荣；其次，它是一个"综合性的过程"，这意味着生态城市建设应从文化、政治、经济、社会及人们的思想观念，生活习性等各个领域和层面全面推进，并能结合当地的区域资源禀赋和文化传统形成其他地方无可替代、无法复制的特色。

（2）生态城镇建设规划的编制缺乏特色：近年来，建设生态城镇作为一种新型城镇化战略，已成为国内许多地方城市发展的目标取向。要建设生态城镇，核心是编制生态城镇建设规划。通过认准城镇特点、明确城镇定位、设定建设理念和建设原则、确定合理的建设总目标和各分项目标、划分阶段性子目标、突出战略重点、选择建设路径，设计建设方案，细化建设项目和建设渠道，寻求法律、制度和政策措施的支撑和保障，才能有效推进生态城镇的建设，但目前我国在生态城镇建设规划上还存在着对城镇特点认识不清，定位不明，雷同化规划现象严重，编制的规划过于原则和笼统，缺乏特色，与实施脱节也较大等方面的突出问题。

（3）生态城镇建设评价指标体系有待改进：生态城镇建设评价指标体系不仅是生态城镇内涵的具体化，还是生态城镇建设规划和建设成效的度量。就目前情况看，生态城镇建设指标体系的建立和指标选取尚存在诸多问题：指标的选取和定值缺乏地域特色和城市差异；评价指标体系缺乏动态性，也未能很好地反映出环境、经济和社会三者之间的有机联系，比如生态系统结构和功能特征与人类社会经济活动之间的联系；指标体系中对不确定性的考虑较为粗略，即未能体现出指标种类、阈值以及确定权重等过程中的"弹性范围"和"时空性"，从而使指标刚性有余柔性不足，也未能设计不同的指标体系用于评估和指导不同地区、不同风格和类型的生态城镇建设实践，忽略了生态城镇建设的地域性和多样性特点。

（4）对开展生态城市的建设意义理解有偏差：生态城市建设是在总结了国内外城市建设经验的基础上提出的具有中国特色的城镇建设活动，也是一个建设理念创新，为城市的可持续发展提供了新思路和切入点，是促进城市向着和谐、高效、宜居目标发展的重要努力，也是新型城镇化的新探索，在传统城市建设产生的"城市病"日益严重的当今时代具有十分重大的意义。与此同时，我们也应该清楚，这里所说的生态城市并非严格意义的生态城市，而只是城市在向着生态城市理念发展过程中的阶段性目标概念，严格意义上的生态城市既是一个理念，也是一种城市建设目标，更是一种不断完善的动态建设过程。如果忽略了这个问题，将生态城市建设认为是一个"达标的过程"，一个目的地，那就容易将生态城市建设变成一个"时髦的标签"，流于形式，变成领导者的政绩工程，这种"生态形式主义"必然会严重阻碍真正意义上的生态城市建设。

（5）对生态城市的建设边界和区际关系存在认识误区：许多城市在进行生态城市建设时，缺少城乡一体化的概念，常常将乡村排除在生态城市建设的范围之外。国外很多生态城市建设案例提醒我们，生态城市概念中的"城市"，不仅指城市化中心区，还包括城市周围所有的村镇，强调城市与周围村镇之间的动态统一性。城市与村镇有着各自的优缺点，城乡一体化有利于建立兼具城乡之利而尽量避减其害的人居环境。此外，许多城市在进行生态城市的建设中，过于以本城市为中心，忽略了城市之间、城市与相邻区域之间的相互影响。

（6）缺乏有效的生态城市建设参与机制。在长期的生态城市建设中，各地已形成了主要依靠政府力量推动的生态城市建设局面，企业、其他社会组织及公众个人大都被动参与，积极性受到影响；也没有建立成熟的城市建设参与机制，影响了生态城市建设的进程。因此，应转变政府角色，引入市场机制，全面动员社会力量，运用法律手段，逐步探索构建"政府主导、市场调节、企业运作、公众参与、法治保障"五位一体的建设参与机制，发动广大市民与各种组织积极参与，是当前我国生态城市建设中尚需改进的重要之处。

第三章　生态化城镇建设的理论基础

生态化城镇建设必须依托坚实的理论基础，这些理论主要包括：生态文明理论、可持续发展理论、生态经济理论、循环经济理论、城市生态学理论等。

一、生态文明理论

（一）"生态文明"理论的提出

2009 年，在中国共产党十七大报告中，第一次写入"生态文明"思想。报告指出："建设生态文明，基本形成节约能源资源和保护生态环境的产业结构、增长方式、消费模式。循环经济形成较大规模，可再生能源比重显著上升。主要污染物排放得到有效控制，生态环境质量明显改善。生态文明观念在全社会牢固树立。"实际上，生态文明思想的提出并非一蹴而就，而是经过长期的过程和深入的思考，有着深远的理论和现实背景。

1. "生态文明"提出过程。从 20 世纪 80 年代起，邓小平同志开始提出"物质文明、精神文明"一起抓的治国思路。随着改革开放的深入，人们逐渐感到仅有两个文明还不足以促进社会的全面发展。于是，党的十六大及时提出第三种文明形态——"政治文明"。经过改革开放近 30 年的发展，我们的三个文明都得到了一定程度的提高，这个时候提出"生态文明"的概念，正是水到渠成。于是，把"生态文明"纳入小康社会的总体目标之中，显示出中国共产党人对历史负责的态度，反映出我们党不只是想着当代，还为中华民族的子孙后代着想，这必将极大地推动中国现代化事业全面协调可持续发展。

2. "生态文明"提出的原因和背景。国内的环境危机。众所周知，改革开放以来，随着工业化和城镇化的推进，人民的生活日益富裕，但生态环境也发生了非常严峻的变化：生态环境破坏，自然资源枯竭，生存条件持续恶化等生态问题不断出现，已经严重影响了社会的协调发展和人民生活质量的提高。据统计，我国人均不可再生资源储备不到世界平均值的1/2，单位产值资源消耗率约为世界平均值的3倍，人均森林面积不到世界人均量的1/10，人均水资源占有量名列世界122位，国境内5万公里主要河流的3/4以上都无法让鱼类生存，城市大气污染程度全球第一，同时也是世界上水土流失和荒漠化最严重的国家之一。环境危机和生态危机的产生，究其原因，是我们没有环境危机和环境安全意识，没有处理好经济发展与环境保护的关系，在哲学观念上崇尚"人类中心主义"，环境价值意识不强。

国际的环境意识觉醒。20世纪七八十年代，随着全球环境污染的进一步恶化以及"能源危机"的冲击，在世界范围内开始了关于生态环境的讨论，各种环保运动逐渐兴起。在这种情况下，1972年6月，联合国在斯德哥尔摩召开了有史以来第一次"人类与环境会议"，讨论并通过了著名的《人类环境宣言》，从而揭开了全人类共同保护环境的序幕，也意味着环保运动由群众性活动上升到了政府行为。1992年在巴西里约热内卢召开了联合国环境与发展大会，大会通过的《21世纪议程》，是人类建构生态文明的一座重要里程碑，它为生态文明的建设提供了重要的制度保障。

中华文化传统基础。中华文化的基本精神与生态文明的内在要求基本一致。中华传统文化中固有的生态和谐观，为实现生态文明提供了深厚的哲学基础与思想源泉。中国历朝历代都有生态保护的相关律令。如《逸周书》上说："禹之禁，春三月，山林不登斧斤。"《周礼》上说："草木零落，然后入山林。""殷之法，弃灰于公道者，断其手。"把灰尘废物抛弃在街上就要斩手，虽然残酷，但重视环境绝不含糊。这种制度，并非统治者的个人自觉，而是中华文明本身的内涵。

中国哲学的基本问题是"究天人之际"的问题，而中国哲学的基本理念是"天人合一"。只不过，儒家更看重"人文"一面，道家更看重"自然"一面，佛家更看重事物的因果关联。儒家所谓"天地变化，圣人效之"。"能尽人之性，则能尽物之性；能尽物之性，则可以赞天地之化育；可以赞天地之化育，则可以与天地参矣。"道家所谓"人法地，地法天，天法道，道法自然。""万物齐一"，"天地与我并生，而万物与我为一"。佛教所谓"一切众生悉有佛性，如来常住无有变异。""此有故彼有，此生故彼生。""春天月夜一声蛙，撞破乾坤共一家。"等等。可以说，中国传统的哲学文化是一种深层生态学，是解决生态危机、超越工业文明、建设现代生态文明的文化基础。一些西方生态学家提出生态伦理应该进行"东方转向"。1988 年，75 位诺贝尔奖得主集会巴黎，会后得出的结论是："如果人类要在 21 世纪生存下去，必须回到两千五百年前去吸取孔子的智慧。"

社会主义发展的必然趋势。国家环保总局官员曾说："生态文明也只能是社会主义的。"生态文明作为对工业文明的超越，代表了一种更高级的文明形态；社会主义作为对资本主义的超越，代表了一种更美好的社会理想。两者内在的一致性使得它们能够互为基础，互为发展。生态文明为各派社会主义理论在更高层次的融合提供了发展空间，社会主义为生态文明的实现提供了制度保障。"只有社会主义才能消除种种危及人类生存和发展的人与自然的对抗，社会主义制度的建立为人与自然的和解创造了必要的条件。"

经典作家们的生态思想。马克思恩格斯也很早就把自然、环境和生态摆在对人的优先发展的地位。马克思认为：所谓人的肉体生活和精神生活同自然界相联系，也就等于说自然界同人自身相联系，因为人是自然界的一部分。恩格斯早就告诫人们：我们不要过分陶醉于我们人类对自然界的胜利。对于每一次这样的胜利，自然界都会对我们进行报复。每一次胜利，在第一线都确实取得了我们预期的结果，但在第二线和第三线却有了完全不同的、出乎预料的影响，它常常把第一个结果重新消除。

人类文明进化的必然结果。文明是相对于野蛮而言的，人类对于文明的认识是一个长期的历史的过程。迄今为止，人类已经经历了奴隶文明、封建文明、资本主义文明、社会主义文明；从生产方式的角度看，人类又经历了原始文明、农业文明、工业文明等。第一阶段是原始文明。约在石器时代，人们必须依赖集体的力量才能生存，物质生产活动主要靠简单的采集渔猎，大约上百万年。第二阶段是农业文明。铁器的出现使人改变自然的能力产生了质的飞跃，大约 10000 年。第三阶段是工业文明。18 世纪英国工业革命开启了人类现代化生活，大约 300 年。在 300 年的工业文明以人类征服自然为主要特征。世界工业化的发展使征服自然的文化达到极致；一系列全球性生态危机说明地球再没能力支持工业文明的继续发展。需要开创一个新的文明形态来延续人类的生存，这就是生态文明。生态文明的提出是人类文明进化和发展的必然结果。

（二）"生态文明"的理论内涵

1. 生态文明的渊源及内涵。《周易》里说："见龙在田，天下文明。"唐代孔颖达注疏《尚书》时将"文明"解释为："经天纬地曰文，照临四方曰明。""经天纬地"意为依法天地，行为自然；"照临四方"意为人类智慧，光照寰宇。前者谈的是物质文明，后者谈的是精神文明。合在一起，文明就是人类文化发展的成果，是人类改造世界的物质和精神成果的总和，是人类社会进步的标志。生态，指生物之间以及生物与环境之间的相互关系与存在状态。自然生态有着自身的发展规律，人类社会改变了这种规律的作用条件，把自然生态纳入人类可以改造的范围之内，这就形成了文明。当文明的生态因子逐渐发展壮大并最终成为人类文明的主导因素时，人类文明也就实现了从工业文明向生态文明的过渡。关于生态文明的理论内涵，有很多种说法。

国家环保总局副局长潘岳认为，生态文明是指人类遵循人、自然、社会和谐发展这一客观规律而取得的物质与精神成果的总和；是指以人与自然、人与人、人与社会和谐共生、良性循环、全面发展、持续繁荣为基本宗旨的文化伦理形态。国家林业局局长贾治邦说，生态文明是指人们在改造客观世界的同时，积极改善和优化人与自然的关系，建设有序的生态运行机制和良好的生态环境所取得的物质、精神、制度方面成果的总和。中国生态道德教育促进会长陈寿朋教授认为，生态文明主要包括三个方面的要素：生态意识文明、生态法治文明和生态行为文明。生态意识文明是人们正确对待生态问题的一种进步的观念形态，包括进步的意识形态思想、生态心理、生态道德以及体现人与自然平等、和谐的价值取向。生态法治文明是人们正确对待生态问题的一种进步的制度形态，包括生态法律、制度和规范。生态行为文明是一定的生态文化观和生态文明意识指导下，人们在生产和生活实践中的各种推动生态文明向前发展的活动。

上述观点多视角地为我们理解生态文明的内涵提供了借鉴，但也存在不足。笔者认为，生态文明是继原始文明、农业文明、工业文明之后的一种文明新形态，它是指人类在遵循人、自然、社会和谐共生的客观规律下，实现人与自然、人与人、人与社会全面、协调可持续发展的价值观念与行为准则。它既包括人类关于自然环境和生态安全的意识、法律、制度、政策，又包括维护生态平衡和可持续发展的科学技术、组织机构和实际行动。它由三个有机统一的部分组成，即生态文明观念、生态文明制度和生态文明行为。

2. 生态文明同其他文明的比较。同传统的农业文明、工业文明的比较：生态文明同传统的农业文明、工业文明相比，具有相同之处，那就是它们都主张在改造自然的过程中大力发展物质生产，不断提高人的物质生活水平。但它们之间也有着明显的不同，即生态文明突出生态的重要，强调人与自然关联共生，强调人类在改造自然的同时必须尊重自然规律，在生态承载力限度内从事生产经营活动，而不能随心所欲、为所欲为地掠夺和征服自然，更强调人与自然之间的和谐、可持续和全面发展。传统的农业文明对自然考虑很少，当时人与自然的对立也不突出，更多的是自然对人的制约。传统的工业文明则完全建立在对自然界的征服和掠夺上面，使人与自然的关系陷入前所未有的对立和困境，它在严重破坏自然生态系统的同时，也影响了人类自身的生存。因此，传统的农业、工业文明同生态文明是完全不同的，如果说农业文明是"黄色文明"，工业文明是"黑色文明"，那生态文明就是"绿色文明"，充满生机和活力，是未来文明的发展方向。

同物质文明、精神文明和政治文明的比较：四种文明既有联系又有区别。说到区别，是指生态文明包容物质文明和精神文明所没有的新内容新要求。物质文明主要强调经济、物质方面的发展。精神文明更多突出心理层面的安宁与健康。政治文明主要关注政治制度与行为政治的合理与完善。当然，它们也有密切的联系，生态文明是在其他文明形态有了充分发展的基础上才能产生，生态文明本身既包含物文明的内容，又包含精神文明的内容。它也离不开政治文明，必须有政治文明为保护生态提供立法条件、制度环境，这样保护生态才不至于成为思想的乌托邦和个人的单打独斗。物质文明、精神文明和政治文明也都离不开生态文明，没有良好的生态条件，人不可能有高度的物质享受、政治享受和精神享受。没有生态安全，人类自身就会陷入不可逆转的生存危机。可以说，生态文明是物质文明、政治文明和精神文明的基础又是它们的完善。四大文明一起助推世界向前持续健康发展。

（三）"生态文明"理论的现实价值

生态文明理论是人类对人与自然关系所取得的最重要的认识成果，它既是对一些传统哲学思想的扬弃，也是一种包容当代人类社会发展与价值观念进步的新哲学思维，它具有重要现实价值。

1. 对机械论自然观的扬弃。工业文明时代的自然观是机械论的，在它看来，自然不是人类的家园，人也不是自然的一部分，人通过征服和控制自然来确认自己的存在。这种二元论割裂了人与自然之间的价值联系，导致了人文科学与自然科学之间的隔离。机械论的自然观和价值论奠定了工业文明时代广为流行的狭隘的人类中心主义的哲学基础。人类中心主义高扬了人类的主体地位，忽视了作为自然界一部分的人与自然之间的内在联系，否认自然的内在价值，并错误地认为，人的主体性的表现方式就是征服和控制自然。

2. 使有机论世界观逐步形成。伴随对机械论自然观的批判，一种新的有机论世界观逐步形成。它把包括人类在内的整个自然界理解为一个整体，认为自然各部分之间的联系是有机的、内在的、动态发展的，人对自然的认识过程只能是一个逐步接近真理的过程。人们不再寻求对自然的控制，而是力求与自然和谐相处。人类在自然面前将保持一种理智的谦卑态度，人类应珍惜并努力维护生物的多样性和价值的多样性，自觉把维护地球的生态平衡视为实现人的价值和主体性的重要方式。有机论世界观还将重新确立人在大自然中的地位，重新树立人的"物种"形象，把关心其他物种的命运视为人的一项道德使命，把人与自然的协调发展视为人的一种内在的精神需要和文明的新存在方式。

3. 促进伦理价值观及生活方式的转变。一般来说，有什么样的价值观就有什么样的行为方式。随着人们社会伦理价值观念的转变，人们的生活也一天天一步步发生变化，人的生活方式将主动以实用节约为原则，以适度消费为特征，追求基本生活需要的满足，崇尚精神和文化的享受。在生态文明时代，人类活动将逐步由以经济活动为主转到以文化活动为主，科学、艺术、教育、信仰、道德、审美、健康、娱乐等方面的活动日益成为社会活动的主导内容，而人类的生活方式也将从着力追求物质利益、过度消费转为主要追求丰富多彩、简朴、清净的"绿色生活"。正如美国生态哲学家利奥波德所言，"任何事物，只要它趋于保持生物共同体的完整、稳定和美丽，就是对的；否则，就是错的"。

4. 催化可持续发展观念产生。可持续发展离不开可持续的生态环境和可持续的社会环境。为了能够获得一个可持续的生态环境，我们应把经济系统的运行控制在生态系统的承载范围之内，实现经济系统与生态系统的良性互动与协调发展，不能为了经济发展而牺牲生态，也不能为了生态不去发展经济。同时，我们应选择一条可持续的资源发展战略，通过技术创新提高资源的使用效率，开发新型清洁能源，提倡循环利用和废物回收，保护生物的多样性，增加自然资源的储备及其在国民财富中的构成比例。为了获得一个可持续的社会环境，我们应营造一个更加公正平等的发展环境。公平发展是生态文明的突出特征。公平，包括人与自然之间的公平、代内公平、代际公平。人与自然的公平主要表现为依据人与自然协调发展的原则考量生态系统和社会系统的需要，既维护生态系统的平衡和稳定，又使人类的生存和发展需要得到满足。代际公平是生态文明关注的一个焦点。在制定社会发展规划时，既要综合考虑当代人的需要，又要考虑后代人的需要，将一个可持续的生态环境和社会环境留给子孙后代。

5. 推进和谐世界建设。随着人们有机自然观的生成和人的社会伦理价值观的转变，也随着社会可持续发展观的深度运行，人与自然、人与人、人与社会和谐共生、良性循环、全面发展、持续繁荣的和谐世界将逐步形成。当然，我们说和谐世界，并不排斥事物间对立竞争。"正是竞争，表现生命力，激发生命力，调节生态平衡，促进生态进化。"因此，不能把竞争与和谐对立起来，竞争是通达和谐之路的手段，没有竞争的和谐是静止的和谐，没有竞争的世界是苍白虚弱的梦幻，只有竞争才能激发创造力、开创丰富多彩的世界，才能创造真正的和谐，害怕和拒斥竞争的和谐，只能是一种生态乌托邦。

（四）"生态文明"理论对新型城镇化建设的要求

在相当长的时期内，新型城镇化建设是我国现代化建设进程中的重大任务。如何将生态文明理念融入新型城镇化过程，是当前需要思考的重大问题。

1. 生态文明理念融入城镇化建设的内涵。城镇化作为一种实践活动，是伴随着工业化，非农产业不断向城镇集聚，农村人口不断向非农产业和城镇转移，农村地域向城镇地域转化，城镇数量增加和规模不断扩大，城镇生产生活方式和城镇文明不断向农村传播扩散的历史过程。生态文明作为一种理念，强调人与自然的和谐共处、良性互动和可持续发展，主张建设以资源环境承载力为基础，以自然规律为准则，以可持续发展为目标的资源节约型环境友好型社会。因此，将生态文明理念融入城镇化过程，可以为城镇化建设提供可持续发展的方向和路径。具体说来：

在价值理念层面，生态文明要求城镇化过程必须尊重、顺应和保护自然，就是对自然要有敬畏之心、感恩之心，不能凌驾于自然之上；为此，需要尊重客观规律，科学地规划、开发、利用自然，在自然承载力范围内推进城镇化。此外，还要在推进城镇化的过程中努力构建城镇的生态文化，提高城镇居民的生态意识，倡导社会生态道德等，牢固树立生态文明理念。

在社会实践层面，生态文明要求城镇化在资源利用、环境保护等方面做到合理、有效。在利用自然的同时保护自然，形成人类社会可持续的生存和发展方式，要求城镇化从整体角度考虑人与自然的平衡，强调大城市、中等城市和小城镇之间的功能协调互补，注重不同城镇各自的功能发挥。使得大中小城市、城镇之间以及城镇内部既有交换的外循环，也有交换的内循环，甚至微循环的资源多极化利用格局。

在时间维度层面，生态文明和城镇化都是一个动态的历史过程。因此，将生态文明理念融入城镇化过程不能只看当前，要看得更加长远。生态文明融入城镇化过程也不是一劳永逸的过程，而是一个不断实践、不断认识和不断解决矛盾的过程。随着内外环境的变化，城镇化中出现的矛盾也会越来越复杂和多样，这就更加需要用发展的历史观来认识生态文明指导下的城镇化建设规律。

2. 生态文明理念融入城镇化建设的主要环节。生态文明要求城镇化过程中坚守生态保护意识。因此，建立科学的生态意识是保证生态文明理念真正融入城镇化过程的重要前提。

生态文明要求科学规划城镇空间格局。将生态文明理念融入城镇化过程，需要根据土地空间的自然属性和特点，既从国家的全局着眼，又要结合地方的优势和劣势，通盘架构，系统规划，避免城镇空间格局凌乱无序，最终实现优化土地空间结构和提高土地空间利用效率的目的。同时，按照生产发展、生活富裕、生态良好的要求，逐步扩大绿色生态空间、市民居住空间、公共设施空间、保持农业生产空间，形成良好的土地空间格局。

生态文明要求城镇化过程中合理调整产业结构。城镇化过程既表现为人口的聚集，又表现为产业的聚集。产业的聚集为人口聚集提供条件，使得进入城镇的人口可以有很好的就业和发展机会，因此，城镇的产业结构是否合理、是否符合生态文明建设的要求，既关系到产业本身能否持续发展，又关系到城镇化建设是否具有可持续的动力。要按照资源节约、环境友好的要求，因地制宜探索特色产业、生态产业发展的新路子和途径，用信息化、新型工业化和农业现代化促进城镇化良性发展。

生态文明要求城镇化过程中注重人的全面发展。城镇是为人的聚集和发展提供场所，因此，不仅要给城镇居民提供必要的物质产品，还要提供良好的生态产品。随着城镇化的推进，水、电、路、气、生活垃圾处理等基础设施要逐步完善，公共服务能力要不断得到增强，生态环境要持续得到改善，城镇运行效率要进一步提高。以生态文明理念为指导的城镇化就是要为进入城镇的人口提供均等的公共服务，促进人的全面发展。

生态文明要求城镇化过程中培育生态文化。生态文明理念需要通过生态文化这个载体来传承，而城镇化过程是培育生态文化的重要途径。在城镇化过程中，要引导人们科学认识生态的价值，实现思维方式的生态转型。在生产领域，提倡和推行绿色、循环、低碳、清洁的生产方式。在消费领域，弘扬健康的消费理念，养成与经济发展水平、社会承受能力和个人收入水平相适应的合理消费行为，提倡简单生活。

3. 生态文明理念融入城镇化建设的保障措施。生态文明理念融入城镇化需要相应的机制作保障，目的是促进城镇化向着健康城镇化、生态城镇化、可持续城镇化的方向发展。为此，需要建立和完善相关的制度体系，形成生态文明理念融入城镇化过程的长效机制。

制定科学、系统的城镇化规划体系。一个国家、一个区域的发展存在于特定的土地空间。要根据不同区域的资源环境承载能力、现有开发强度和发展潜力，统筹谋划人口分布、经济布局、国土利用和城镇化格局，确定不同区域的主体功能，完善开发政策，控制开发强度，规范开发秩序，形成人口、经济、资源环境相协调的国土空间开发格局。因此，要按照国家主体功能区规划的要求，从全局出发，注重地区之间的差异性，着力发挥地区的优势，科学地制定与资源环境承载能力相适应的城镇化规划，形成生态良好、功能定位准确、产业布局合理、区位优势明显的城镇化格局。

以转变发展方式为契机，促进城镇生产方式转型。发达国家城镇化的实践表明，城市的可持续发展最终都要靠发展方式的转变来实现，这为我们提供了借鉴。因此，推进城镇化建设，需要注重发展方式的调整和产业结构的优化。为此，要按照生态经济的思想，循环经济的原则，集约使用各种资源，对水资源、土地资源以及矿产资源要制定合理的开发强度，提高资源的利用效率。要注重服务业和战略新兴产业的培育和发展，形成适应市场需求、合理利用资源、可持续的生态产业结构体系。

以生态文明建设为要求，积极培育城镇生态文化。要加强对生态文明意识的培育，通过各种宣传手段使生态文明的理念深入人心。首先，有条件的地方可以举办一些生态文明相关的会议，组织一些喜闻乐见的活动。其次，要完善生态文化基础设施和公共服务载体建设，为生态文化的传播提供渠道和途径。最后，发展生态文化产业，向公众和社会提供生态文化创意产品与服务，最终形成可永续传承的生态文化。

以生态补偿机制为手段，促进区域城镇协调发展。各地区资源环境禀赋不同，承载的生态功能不同，各区域实现城镇化的途径也会存在差异。对于优先开发区域和重点开发区域，应发挥其经济基础较好、资源环境承载能力较强、发展潜力较大、集聚人口和经济条件较好等优势，实现人口聚集和经济聚集的主体功能。对于限制开发区域和禁止开发区域，应发挥其土地生产力较高、生态涵养较好的优势，要建立以生态补偿机制为主、均衡性转移支付和地区间横向援助机制为辅的经济手段，实现不同区域的经济互补和环境互补，推动不同区域城镇化的协调发展。

以财政金融手段为引导，提高城镇化发展效率。财政政策要着眼于支持产业结构的进一步调整和优化，推进新型工业化进程，实现工业化和城镇化的良性互动。根据不同地区的发展潜力，利用财政政策杠杆来有效引导城际间产业分工与协调。要利用合理的金融手段拓宽城镇化过程中的资金来源渠道，鼓励多元化的资金来源。发挥地方金融机构的作用，大力发展适合城镇化建设的金融产品和服务。

以科学的考评机制为载体，形成城镇化的绿色导向。要将资源消耗、环境损害、生态效益等指标纳入经济社会发展评价体系，建立符合生态文明理念的科学的考评激励机制。要强化领导干部的生态文明意识，根据主体功能定位确定不同的考核目标，加大生态文明相关指标在城镇化考评中的权重。通过科学有效的考评激励机制，充分调动绿色发展、循环发展、低碳发展的积极性和主动性，走一条以生态城市（镇）建设为载体的新型城镇化道路。

二、可持续发展理论

可持续发展理论是指既满足当代人的需要，又不对后代人满足其需要的能力构成危害的发展理论。

（一）可持续发展思潮探源与沿革

可持续发展理论的形成经历了相当长的历史过程。20 世纪 50 ~ 60 年代，人们在经济增长、城市化、人口、资源等所形成的环境压力下，对"增长 = 发展"的传统模式产生怀疑并展开研究和争论。1962 年，美国女海洋生物学家莱切尔·卡逊（Rachel Carson）发表了一部引起很大轰动的环境科普著作《寂静的春天》，这是一本论述杀虫剂，特别是滴滴涕对鸟类和生态环境毁灭性危害的著作。尽管这本书的问世使卡逊一度备受攻击、诋毁，但书中提出的有关生态的观点最终还是被人们所接受。环境问题从此由一个边缘问题逐渐走向全球政治、经济议程的中心。10 年后，两位著名的美国学者巴巴拉·沃德（Barbara Ward）和雷内·杜博斯（Rene Dubos）享誉全球的著作《只有一个地球》问世，该著作把人类生存与环境关系的认识推向一个新境界——可持续发展的境界。同年，一个非正式的国际著名学术团体即罗马俱乐部发表了轰动世界的研究报告《增长的极限》（*The Limits to Growth*），明确提出"持续增长"和"合理的持久的均衡发展"的概念。在这之后，随着公害问题的加剧和能源危机的出现，人们逐渐认识到把经济、社会和环境割裂开来谋求发展，只能给地球和人类社会带来毁灭性的灾难。源于这种危机感，可持续发展的思想在 80 年代逐步形成。"可持续发展"一词在国际文件中最早出现于 1980 年由国际自然保护同盟制定的《世界自然保护大纲》，其概念最初源于生态学，指的是对于资源的一种管理战略。其后被广泛应用于经济学和社会学范畴，并加入了一些新的内涵，是一个涉及经济、社会、文化、技术和自然环境的综合的动态的概念，并以此为主题对人类共同关心的环境与发展问题进行了全面论述，受到世界各国政府组织和舆论的极大重视。1983 年 11 月，联合国成立了世界环境与发展委员会（WECD）。1987 年，受联合国委托，以挪威前首相布伦特兰夫人为首的 WECD 的成员们，把经过 4 年研究和充分论证的报告——《我们共同的未来》（*Our Common Future*）提交联合国大会，正式提出了"可持续发展"（Sustainable development）的概念和模式。

在可持续发展思想形成的历程中，最具国际化意义的是 1992 年 6 月在巴西里约热内卢举行的联合国环境与发展大会。在这次大会上，来自世界 178 个国家和地区的领导人通过了《21 世纪议程》《气候变化框架公约》等一系列文件，明确把发展与环境密切联系在一起，使可持续发展走出了仅仅在理论上探索的阶段，响亮地提出了可持续发展的战略，并付诸为全球的行动。

可持续发展的思想是人类社会发展的产物。它体现着对人类自身进步与自然环境关系的反思。这种反思反映了人类对自身以前走过的发展道路的怀疑和抛弃，也反映了人类对今后选择的发展道路和发展目标的憧憬和向往。人们逐步认识到过去的发展道路是不可持续的，或至少是持续不够的，因而是不可取的。唯一可供选择的道路是走可持续发展之路。人类的这一次反思是深刻的，反思所得的结论具有划时代的意义。这正是可持续发展的思想在全世界不同经济水平和不同文化背景的国家能够得到共识和普遍认同的根本原因。可持续发展是发展中国家和发达国家都可以争取实现的目标，广大发展中国家积极投身到可持续发展的实践中也正是可持续发展理论风靡全球的重要原因。美国、德国、英国等发达国家和中国、巴西这样的发展中国家都先后提出了自己的 21 世纪议程或行动纲领。尽管各国侧重点有所不同，但都不约而同地强调要在经济和社会发展的同时注重保护自然环境。正是因为这样，很多人类学家都不约而同地指出，"可持续发展"思想的形成是人类在 20 世纪的 100 年中，对自身前途、未来命运与所赖以生存的环境之间最深刻的一次警醒。

当今世界，环境保护成了当代企业发展的口号。在能源领域，发达国家不约而同地将技术重点转向水能、风能、太阳能和生物能等可更新能源上；在交通运输领域，研制燃料电池车或其他清洁能源车辆已成为各大汽车商技术开发能力的标志；在农业领域，无化肥、无农药和无毒害的生态农产品已成为消费者的首选；在城市规划和建筑业中，尽量减少能源和水的消耗，同时也减少废水废弃物排放的"生态设计"和"生态房屋"已成为近年来发达国家建筑业的招牌。

当然，也要看到，在可持续发展理论的形成和发展过程中，不同国家思想认同后的实践方面还存在分歧。在认知层面上，发达国家与发展中国家产生了空前的一致，这也是 20 世纪在所有涉及发达国家与发展中国家的国际问题的讨论中所绝无仅有的。与此同时，人们也注意到，目前可持续发展的思想更多的是在发达国家中得到实践和探索，而发展中国家则较为欠缺。实际上，在人类社会通往和谐发展的道路上，可持续发展思想的实施依然面对重重障碍。首先，南北不平衡是未来可持续发展的最大阻力。发达国家不仅通过两次工业革命获得了经济上的优势，而且在自然资源的占有和消费上达到了奢侈的境地。据经合组织统计，美国每年人均能源消费量达到了全球平均水平的 5 倍。发达国家享有工业革命的利益，却又力图回避与逃脱自身对全球环境应负的责任。这也成为全球可持续发展道路上的绊脚石。2000 年，在海牙举行的 20 世纪最后一次《联合国气候变化框架公约》缔约方大会就因个别发达国家的阻挠而未能达成协议，使框架公约得以贯彻的前景变得黯淡。其次，就发展中国家而言，追求自身进步与发展、提高居民生活水平的权利无可剥夺。但是，发展是否应该沿袭发达国家的"样板"？这也成为通往可持续发展之路上的困惑。典型的美国发展模式——大量占有和奢侈消费自然资源、同时大量排放污染物，是否值得广大发展中国家仿效？这不仅在发展中国家，而且在日本和欧洲等发达国家和地区，也都成为思考的热点。

（二）可持续发展概念的几种定义

与任何经济理论和概念的形成和发展一样，可持续发展概念也形成了不同的定义。

1. 从自然属性定义可持续发展。较早的时候，持续性这一概念是由生态学家首先提出来的，即所谓生态持续性，它从生物圈概念出发定义可持续发展，即认为可持续发展是寻求一种最佳的生态系统以支持生态的完整性和人类愿望的实现，使人类的生存环境得以持续。它旨在说明自然资源及其开发利用程度间的平衡问题。

2. 从社会属性定义可持续发展。1991 年，由世界自然保护同盟、联合国环境规划署和世界野生生物基金会共同发表了《保护地球——可持续生存战略》（*Caring for the Earth*：*A strategy for Sustainable Living*）（简称《生存战略》）。《生存战略》提出的可持续发展定义为："在生存于不超出维持生态系统涵容能力的情况下，提高人类的生活质量"，并且提出可持续生存的九条基本原则。在这九条基本原则中，既强调了人类的生产方式与生活方式要与地球承载能力保持平衡，保护地球的生命力和生物多样性，同时，又提出了人类可持续发展的价值观和 130 个行动方案，着重论述了可持续发展的最终落脚点是人类社会，即改善人类的生活质量，创造美好的生活环境。

3. 从经济属性定义可持续发展。这类定义有不少表达方式，但都认为可持续发展的核心是经济发展。在《经济、自然资源、不足和发展》一书中，作者 Edward B. Barbier 把可持续发展定义为"在保持自然资源的质量和其所提供服务的前提下，使经济发展的净利益增加到最大限度"。还有的学者提出，可持续发展是"今天的资源使用不应减少未来的实际收入"。当然，定义中的经济发展已不是传统的以牺牲资源和环境为代价的经济发展，而是"不降低环境质量和不破坏世界自然资源基础的经济发展"。

4. 从科技属性定义可持续发展。实施可持续发展，除了政策和管理国家之外，离开科技进步，人类的可持续发展便无从谈起。因此，有学者从技术选择的角度扩展了可持续发展的定义，认为"可持续发展就是转向更清洁、更有效的技术，尽可能接近'零排放'或'密闭式'工艺方法，尽可能减少能源和其他自然资源的消耗"。还有的学者提出，"可持续发展就是建立极少产生废料和污染物的工艺或技术系统"。他们认为，污染并不是工业活动不可避免的结果，而是技术差、效益低的表现。

5. 被国际社会普遍接受的布氏定义的可持续发展。1988 年以前，可持续发展的定义或概念并未正式引入联合国的"发展业务领域"。1987 年，布伦特兰夫人主持的世界环境与发展委员会，对可持续发展给出了定义："可持续发展是指既满足当代人的需要，又不损害后代人满足需要的能力的发展"。1981 年 5 月举行的第 15 届联合国环境署理事会期间，经过反复磋商，通过了《关于可持续的发展的声明》。

（三）可持续发展的要素和内涵

1. 基本要素。可持续发展定义包含两个基本要素："需要"和对需要的"限制"。满足需要，首先是要满足贫困人民的基本需要。对需要的限制主要是指对未来环境需要的能力构成危害的限制，这种能力一旦被突破，必将危及支持地球生命的自然系统：大气、水体、土壤和生物。决定两个基本要素的关键性因素：一是收入再分配以保证不会为了短期生存需要而被迫耗尽自然资源；二是降低穷人对遭受自然灾害和农产品价格暴跌等损害的脆弱性；三是普遍提供可持续生存的基本条件，如卫生、教育、水和新鲜空气，保护和满足社会最脆弱人群的基本需要，为全体人民，特别是为贫困人民提供发展的平等机会和选择自由。

2. 基本内涵。从普遍认可的概念中，我们可以梳理出可持续发展的五个内涵：

一是共同发展。地球是一个复杂的巨系统，每个国家或地区都是这个巨系统不可分割的子系统。系统的最根本特征是其整体性，每个子系统都和其他子系统相互联系并发生作用，只要一个系统发生问题，都会直接或间接引起其他系统的紊乱，甚至会诱发系统的整体突变，这在地球生态系统中表现得最为突出。可持续发展追求的是整体发展和协调发展，即共同发展。

二是协调发展。协调发展包括经济、社会、环境三大系统的整体协调，也包括世界、国家和地区三个空间层面的协调，还包括一个国家或地区经济与人口、资源、环境、社会以及内部各个阶层的协调，持续发展源于协调发展。

三是公平发展。世界经济的发展呈现出因水平差异而表现出来的层次性，这是发展过程中始终存在的问题。但是这种发展水平的层次性若因不公平、不平等而引发或加剧，就会因为局部而上升到整体，并最终影响到整个世界的可持续发展。可持续发展思想的公平发展包含两个纬度：时间纬度上的公平，当代人的发展不能以损害后代人的发展能力为代价；空间纬度上的公平，一个国家或地区的发展不能以损害其他国家或地区的发展能力为代价。

四是高效发展。公平和效率是可持续发展的两个轮子。可持续发展的效率不同于经济学的效率，可持续发展的效率既包括经济意义上的效率，也包含着自然资源和环境的损益的成分。因此，可持续发展思想的高效发展是指经济、社会、资源、环境、人口等协调下的高效率发展。

五是多维发展。人类社会的发展表现出全球化的趋势，但是不同国家与地区的发展水平是不同的，而且不同国家与地区又有着异质性的文化、体制、地理环境、国际环境等发展背景。此外，因为可持续发展又是一个综合性、全球性的概念，要考虑到不同地域实体的可接受性，可持续发展本身包含了多样性、多模式的多维度选择的内涵。因此，在可持续发展这个全球性目标的约束和制导下，各国与各地区在实施可持续发展战略时，应该从国情或区情出发，走符合本国或本区实际的、多样性、多模式的可持续发展道路。

（四）可持续发展的主要内容和基本思想

1. 主要内容。在具体内容方面，可持续发展涉及可持续经济、可持续生态和可持续社会三方面的协调统一，要求人类在发展中讲究经济效率、关注生态和谐和追求社会公平，最终达到人的全面发展。具体地说，有以下主要内容。

在经济可持续发展方面：可持续发展鼓励经济增长而不是以环境保护为名取消经济增长，因为经济发展是国家实力和社会财富的基础。但可持续发展不仅重视经济增长的数量，更追求经济发展的质量。可持续发展要求改变传统的以"高投入、高消耗、高污染"为特征的生产模式和消费模式，实施清洁生产和文明消费，以提高经济活动中的效益、节约资源和减少废物。从某种角度上，可以说集约型的经济增长方式就是可持续发展在经济方面的体现。

在生态可持续发展方面：可持续发展要求经济建设和社会发展要与自然承载能力相协调。发展的同时必须保护和改善地球生态环境，保证以可持续的方式使用自然资源和环境成本，使人类的发展控制在地球承载能力之内。因此，可持续发展强调了发展是有限制的，没有限制就没有发展的持续。生态可持续发展同样强调环境保护，但不同于以往将环境保护与社会发展对立的做法，可持续发展要求通过转变发展模式，从人类发展的源头、从根本上解决环境问题。

在社会可持续发展方面：可持续发展强调社会公平是环境保护得以实现的机制和目标。可持续发展指出世界各国的发展阶段可以不同，发展的具体目标也各不相同，但发展的本质应包括改善人类生活质量，提高人类健康水平，创造一个保障人们平等、自由、教育、人权和免受暴力的社会环境。这就是说，在人类可持续发展系统中，经济可持续是基础，生态可持续是条件，社会可持续才是目的。下一世纪人类应该共同追求的是以人为本位的自然—经济—社会复合系统的持续、稳定、健康发展。

作为一个具有强大综合性和交叉性的研究领域，可持续发展涉及众多的学科，可以有不同重点的展开。例如，生态学家着重从自然方面把握可持续发展，理解可持续发展是不超越环境系统更新能力的人类社会的发展；经济学家着重从经济方面把握可持续发展，理解可持续发展是在保持自然资源质量和其持久供应能力的前提下，使经济增长的净利益增加到最大限度；社会学家从社会角度把握可持续发展，理解可持续发展是在不超出维持生态系统涵容能力的情况下，尽可能地改善人类的生活品质；科技工作者则更多地从技术角度把握可持续发展，把可持续发展理解为是建立极少产生废料和污染物的绿色工艺或技术系统。

2. 基本思想。可持续发展并不否定经济增长。经济发展是人类生存和进步所必需的，也是社会发展和保持、改善环境的物质保障。特别是对发展中国家来说，发展尤为重要。目前发展中国家正经受贫困和生态恶化的双重压力，贫困是导致环境恶化的根源，生态恶化更加剧了贫困。尤其是在不发达的国家和地区，必须正确选择使用能源和原料的方式，力求减少损失、杜绝浪费，减少经济活动造成的环境压力，从而达到具有可持续意义的经济增长。既然环境恶化的原因存在于经济过程之中，其解决办法也只能从经济过程中去寻找。目前亟须解决的问题是研究经济发展中存在的扭曲和误区，并站在保护环境，特别是保护全部资本存量的立场上去纠正它们，使传统的经济增长模式逐步向可持续发展模式过渡。

可持续发展以自然资源为基础，同环境承载能力相协调。可持续发展追求人与自然的和谐。可持续性可以通过适当的经济手段、技术措施和政府干预得以实现，目的是减少自然资源的消耗速度，使之低于再生速度。如形成有效的利益驱动机制，引导企业采用清洁工艺和生产非污染物品，引导消费者采用可持续消费方式，并推动生产方式的改革。经济活动总会产生一定的污染和废物，但每单位经济活动所产生的废物数量是可以减少的。如果经济决策中能够将环境影响全面、系统地考虑进去，可持续发展是可以实现的。"一流的环境政策就是一流的经济政策"的主张正在被越来越多的国家所接受，这是可持续发展区别于传统的发展的一个重要标志。相反，如果处理不当。环境退化的成本将是十分巨大的，甚至会抵消经济增长的成果。

可持续发展以提高生活质量为目标，同社会进步相适应。单纯追求产值的增长不能体现发展的内涵。学术界多年来关于"增长"和"发展"的辩论已达成共识。"经济发展"比"经济增长"的概念更广泛、意义更深远。若不能使社会经济结构发生变化，不能使一系列社会发展目标得以实现，就不能承认其为"发展"，就是所谓的"没有发展的增长"。

可持续发展承认自然环境的价值。这种价值不仅体现在环境对经济系统的支撑和服务上，也体现在环境对生命支持系统的支持上，应当把生产中环境资源的投入计入生产成本和产品价格，逐步修改和完善国民经济核算体系，即"绿色GDP"。为了全面反映自然资源的价值，产品价格应当完整地反映三部分成本：资源开采或资源获取成本；与开采、获取、使用有关的环境成本，如环境净化成本和环境损害成本；由于当代人使用了某项资源而不可能为后代人使用的效益损失，即用户成本。产品销售价格应该是这些成本加上税及流通费用的总和，由生产者和消费者承担，最终由消费者承担。

可持续发展是培育新的经济增长点的有利因素。通常认为，贯彻可持续发展要治理污染、保护环境、限制乱采滥发和浪费资源，对经济发展是一种制约、一种限制。而实际上，贯彻可持续发展所限制的是那些质量差、效益低的产业。在对这些产业作某些限制的同时，恰恰为那些质优、效高，具有合理、持续、健康发展条件的绿色产业、环保产业、保健产业、节能产业等提供了发展的良机，培育了大批新的经济增长点。

（五）可持续发展的主要理论

1. 可持续发展的基础理论。可持续发展的基础理论主要有经济学理论、知识经济理论、生态学理论、人口承载力理论和人地系统理论。

经济学理论：增长的极限理论。是 D. H. Meadows 在其《增长的极限》一文中提出的有关可持续发展的理论，该理论的基本要点是：运用系统动力学方法，将支配世界系统的物质关系、经济关系和社会关系进行综合，提出了人口不断增长、消费日益提高，而资源则不断减少、污染日益严重，制约了生产的增长；虽然科技不断进步能起到促进生产的作用，但这种作用是有一定限度的，因此生产的增长是有极限的。

知识经济理论：该理论认为经济发展的主要驱动力是知识和信息技术，知识经济将是未来人类的可持续发展的基础。

生态学理论：所谓可持续发展的生态学理论是指：根据生态系统的可持续性要求，人类的经济社会发展要遵循生态学三个定律：一是高效原理，即能源的高效利用和废弃物的循环再生产；二是和谐原理，即系统中各个组成部分之间的和睦共生，协同进化；三是自我调节原理，即协同的演化着眼于其内部各组织的自我调节功能的完善和持续性，而非外部的控制或结构的单纯增长。

人口承载力理论：所谓人口承载力理论是指，地球系统的资源与环境，由于自身自组织与自我恢复能力存在一个阈值，在特定技术水平和发展阶段下，对于人口的承载能力是有限的。因此，人口数量以及特定数量人口的社会经济活动，对于地球系统的影响必须控制在这个限度之内，否则，就会影响或危及人类的持续生存与发展。这一理论被喻为 20 世纪人类最重要的三大发现之一。

人地系统理论：所谓人地系统理论，是指人类社会是地球系统的一个构成部分和生物圈的重要组成，是地球系统的主要子系统。它是由地球系统所产生的，同时又与地球系统的各个子系统之间存在相互联系、相互制约、相互影响的密切关系。人类社会的一切活动，包括经济活动，都受到地球系统的气候（大气圈）、水文与海洋（水圈）、土地与矿产资源（岩石圈）及生物资源（生物圈）的影响，地球系统是人类赖以生存和社会经济可持续发展的物质基础和必要条件；另一方面，人类的社会活动和经济活动，又直接或间接影响（造成）了大气圈（大气污染、温室效应、臭氧洞）、岩石圈（矿产资源枯竭、沙漠化、土壤退化）及生物圈（森林减少、物种灭绝）的状态。人地系统理论是地球系统科学理论的核心，是陆地系统科学理论的重要组成部分，是可持续发展的理论基础。

2. 可持续发展的核心理论。

可持续发展的核心理论，尚处于探索和形成之中。目前已具雏形的流派大致可分为以下几种。

资源永续利用理论：资源永续利用理论流派的认识论基础在于，认为人类社会能否可持续发展决定于人类社会赖以生存发展的自然资源是否可以被永远地使用下去。基于这一认识，该流派致力于探讨使自然资源得到永续利用的理论和方法。

外部性理论：外部性理论流派的认识论基础在于，认为环境日益恶化和人类社会出现不可持续发展现象和趋势的根源是人类迄今为止一直把自然（资源和环境）视为可以免费享用的"公共物品"，不承认自然资源具有经济学意义上的价值，并在经济生活中把自然的投入排除在经济核算体系之外。基于这一认识，该流派致力于从经济学的角度探讨把自然资源纳入经济核算体系的理论与方法。

财富代际公平分配理论：财富代际公平分配理论流派的认识论基础在于：

认为人类社会出现不可持续发展现象和趋势的根源是当代人过多地占有和使用了本应属于后代人的财富，特别是自然财富。基于这一认识，该流派致力于探讨财富（包括自然财富）在代际之间能够得到公平分配的理论和方法。

三大"生产"理论：三种生产理论流派的认识论基础在于：人类社会可持续发展的物质基础在于人类社会和自然环境组成的世界系统中物质的流动是否通畅并构成良性循环。他们把人与自然组成的世界系统的物质运动分为三大"生产"活动，即人的生产、物资生产和环境生产，致力于探讨三大生产活动之间和谐运行的理论与方法。

（六）可持续发展的保障体系

管理、法制、科技、教育等方面构成了可持续发展战略的支撑体系。一个国家的可持续发展很大程度上依赖于这个国家的政府和人民通过技术的、观念的、体制的因素表现出来的保障体系。具体地说，由五个方面的内容构成。

1. 可持续发展的管理体系。实现可持续发展需要有一个非常有效的管理体系。历史与现实表明，环境与发展不协调的许多问题是由于决策与管理的不当造成的。因此，提高决策与管理能力就构成了可持续发展能力建设的重要内容。可持续发展管理体系要求培养高素质的决策人员与管理人员，综合运用规划、法制、行政、经济等手段，建立和完善可持续发展的组织结构，形成综合决策与协调管理的机制。

2. 可持续发展的法制体系。与可持续发展有关的立法是可持续发展战略具体化、法制化的途径，而立法的实施是可持续发展战略付诸实践的重要保障。因此，建立可持续发展的法制体系是可持续发展能力建设的重要方面。可持续发展要求通过法制体系的建立与实施，实现自然资源的合理利用，使生态破坏与环境污染得到控制，保障经济、社会、生态的可持续发展。

3. 可持续发展的科技系统。科学技术是可持续发展的主要基础之一。科学技术对可持续发展的作用是多方面的。它可以有效地为可持续发展的决策提供依据与手段，促进可持续发展管理水平的提高，加深人类对人与自然关系的理解，扩大自然资源的可供给范围，提高资源利用效率和经济效益，提供保护生态环境和控制环境污染的有效手段。

4. 可持续发展的教育体系。可持续发展要求人们有高度的知识水平和高度的道德水平，认识自己对子孙后代的崇高责任，自觉地为人类社会的长远利益而牺牲一些眼前利益和局部利益。这就需要在可持续发展的能力建设中建立符合可持续发展精神的教育体系，既使人们获得可持续发展的科学知识，也使人们具备相应的道德水平。这种教育体系既包括系统规范的学校教育这种主流形式，也包括家庭教育、单位教育、环境教育和广泛多样的社会教育等非主流形式。

5. 可持续发展的公众参与。公众参与是实现可持续发展的必要保证和可持续发展能力建设的主要方面。这是因为可持续发展的目标和行动，必须依靠社会公众和社会团体最大限度的认同、支持和参与。公众，团体和组织的参与方式和参与程度，将决定可持续发展目标实现的进程。公众不但要参与有关环境与发展的决策，特别是那些可能影响到公众生活和工作的决策，而且更需要参与对决策执行过程的监督。

（七）可持续发展对传统经济学概念的修正

对 GNP 的修正。当使用可持续发展概念时，人们已经认识到，传统的国民生产总值（GNP）作为宏观经济增长指标是一种不能保证环境状况良好增长的指标，因为在 GNP 的核算中，并未将由于经济增长而带来的对环境资源的消耗和破坏造成的影响及其对生态功能、环境状况的损害考虑在内。环境影响通常没有相应的市场表现形式，但这并不意味着它们没有经济价值。因此，实际上应该将所发生的任何环境损失都进行价值评估，并从 GNP 中扣除。经济学家不断试图在计算国内生产和收入时纳入一系列的自然资源和环境因素，即考虑环境后的净国内产值（EDP）和净国内收入（ENI）。国民生产净值定义为国民生产总值（CNP）减去人造资本的折旧和减去自然资本的存量。

自然资源账户。另一种可行方法是建立另外一套自然资源账户，这套资源账户采用非货币单位的形式，它只是表示：在一个特定的国家里，资源究竟发生了什么样的变化。更简单的修正方法是建立一系列的环境统计报表。这些账户应该显示出环境的不同变化是如何同经济变化联系起来的。这至少可以避免以往那种认为经济好像同环境没有什么关系似的经济管理方式的错误。

可持续收入。对一个国家或一个地区的可持续发展水平和可持续发展能力的衡量，还必须考虑到其全部的资本存量的大小及增加或减少，这样，可持续收入的概念便产生了。可持续收入的基本思想是由希克斯在其 1946 年的著作中提出的。这个概念的基础是：只有当全部的资本存量随时间保持不变或增长时，这种发展途径才是可持续的。可持续收入定义为不会减少总资本水平所必须保证的收入水平。对可持续收入的衡量要求对环境资本所提供的各种服务的流动进行价值评估。可持续收入数量上等于传统意义的 GNP 减去人造资本、自然资本、人力资本和社会资本等各种资本的折旧。衡量可持续收入意味着要调整国民经济核算体系。

产品价格与投资评估。皮尔斯等认为，为了全面反映环境资源的价值，产品价格应当完整地反映三部分成本：一是资源开采或获取的成本；二是同资源开采、获取、使用有关的环境成本；三是由于当代人使用了这一部分资源而不可能成为后代人使用的效益损失，即用户成本。

环境资源价值公式。穆拉辛格认为，为建立一个合法的决策框架，对资源进行定价是必须的。从概念或价值评估的角度，可以将环境资源的全部经济价值划分为两大类：使用价值和非使用价值。前者进一步被划分为直接使用价值和间接使用价值以及选择价值。其中，选择价值就是指当代人为了保证后代人对资源的使用而对资源所表示的支付意愿。非使用价值又称存在价值，是指人类的发展将有可能利用的那部分资源的价值，也包括能满足人类精神文化和道德需求的那部分环境资源的价值，如美丽的风景、濒危物种等。

（八）可持续发展观与生态城市的融合

1. 生态城市与可持续发展观。生态城市需具备健康的城市生态系统。它不仅意味着自然环境和人工环境所组成的生态系统要健康和完整，也包括城市人群的健康和社会健康。城市环境与发展问题，是当今世界普遍关注的共同问题。因此，保护城市生态环境，实现经济社会的可持续发展，使子孙后代能够有一个永续利用和安居乐业的生态环境，不仅是时代的紧迫要求和人们的强烈愿望，也成为 21 世纪城市可持续发展的重要任务。

可持续发展观要求生态城市建设涉及的环境法律制度发生不同程度的改进和变化，主要表现为：环境责任制度，特别是环境资源行政首长责任制度和企业经理厂长责任制度；环境影响评价制度，尤其是宏观活动的环境影响评价制度；清洁生产制度和资源削减制度；环境污染物总量控制制度；污染集中治理和环境综合整治制度；防止污染转嫁和贸易环境管理制度；环境标准控制特别是环境管理标准控制制度；环境社会团体和公众参与制度；流域或区域环境综合整治制度；环境资源税制度；环境资源纠纷处理制度等。这些制度在生态城市建设中都需要逐步得到确立和完善，以使可持续发展观与生态城市建设高度融合。

2. 城市可持续发展的基本要素：城市人口。人口既是组成环境的特殊要素，也是城市的主体，在城市可持续发展中起着决定性作用。人作为城市的主要生产者，是构成社会生产的核心部分；人作为消费者，承担着城市生活消费的最主要责任；因此，要把人的生活质量和社会福利的持续提高，持续性实现人口再生产作为完善城市生活的重要方面。

生产活动。在当代，城市是生产活动的主要场所，它通过将劳动力和原材料等输入城市，将产品输出给市场的方式，在满足城市居民得到消费品的同时，也将生产过程中所产生或排放的废弃物留给城市，对居民生活带来不利影响。同时，随着城镇化的推进，城市的规模日益扩大，产品生产中需要分工和协作的环节越来越多，需要消耗的资源也日益多样化，由于各生产主体管理和工艺技术水平的差异，环境污染等也就无法避免了，这必然影响到城市的可持续发展。

资源利用。就代际公平而言，由于人类赖以生存的资源是有限的，当代人不能因为自己的发展和需要损害后代人的利益，在求发展的同时要给后代人留有公平利用自然资源的权利和发展的空间。因此，在资源利用上的公平性原则要求环境公平成为环境法的基本价值目标。

城市环境。可持续发展观强调经济、社会、环境三方面协调发展，是经济效益、社会效益和环境效益的统一。城市环境作为一种资源，是城市社会经济发展的自然基础，所以环境问题实质是经济问题。若为了发展经济，以污染或破坏环境为代价，这种发展是脆弱的，最终将限制生产，制约经济发展和社会效益的提高。城市作为一定地域范围内的政治、经济、文化中心，居民从事的社会活动与经济活动一定要在有利于城市环境优化的前提下进行，否则就不可取。

3. 可持续发展的生态内涵。可持续发展始终贯穿着"人与自然的和谐、人与人的和谐"这两大主线，并以此为出发点，去进一步探寻许多重大命题：如人类活动的理性规则、人与自然的协同进化、人类需求的自控能力、发展轨迹的时空耦合、社会约束的自律程度，以及人类活动的整体效益准则和普遍认同的道德规范，等等。在此基础上，试图通过内外部力量的平衡、自制、优化、协调，最终达到人与自然之间的协同以及人与人之间的公正。

实际上，可持续发展的实施是以自然为物质基础，以经济为动力牵引，以社会为组织力量，以技术为支撑体系，以环境为约束条件的。因此，可持续发展不仅仅是单一的生态、社会或经济问题，而是三者互相影响、互相作用的综合体。一般来说，经济学家往往强调保持和提高人类生活水平，生态学家呼吁人们重视生态系统的适应性及其功能的保持，社会学家则将他们的注意力更多地集中于社会和文化的多样性。

4. 可持续发展对生态城市建设的要求依据可持续发展理论，在生态城市建设过程中，首先要充分地认识到，城市是一个巨大的开放性动态系统，城市建设和规划不仅涉及城市经济学、城市生态学、城市规划学及地理学、人口学、法学、建筑学等诸多学科领域，还以哲学、社会学和心理学的研究作为理论基础。因此，可持续发展理论对生态城市建设的基本要求是：

第一，在可持续利用资源的基础上，以把生态环境改善得更为美好为前提，通过培养和提升城市的可持续性发展能力，彻底转换传统城市发展的模式和方法。

第二，针对城市规模扩张和人口发展速度过快的情况，要在控制人口数量的同时，着力于提高人口质量，促进人们文化素质的不断提高。

第三，在资源配置措施和核算体系选择上，可以采取将所有资源都价值化的措施，在国民经济核算系统中加入消耗资源的总额以及维持生态环境所需的预算，逐步实现社会消费体系向节约资源型转变，通过扩大资源的产业化规模来减小资源供给不足的压力，放慢环境逐步恶化的趋势。

第四，政府部门要进行宏观调控，通过加大公众参与度，提高法律、行政以及经济调节作用，在时空方面保持社会经济发展和生态环境等的和谐关系，促进其稳定高效的发展。

总之，以可持续发展观建设生态城市，在促进城市经济健康发展的同时，为保持社会稳定，要利用恰当的机制合理配置城市的经济资源、人力资源和信息技术资源，使其在时间和空间上匹配的同时，达到城市经济、社会发展、资源环境和可持续性发展之间的最优组合，最终实现城市的可持续发展。为此，需要进一步完善排污申报和许可制度，对污染源排污情况实行动态管理。

在新建、扩建和改建对环境有影响的项目时，严格执行环境影响评价和"三同时"制度。鼓励企业实行清洁生产审核、环境标识和环境认证制度，严格执行强制淘汰和限期治理制度，建立跨省界河流断面水质考核制度。建立国家监察、地方监管、单位负责的环境监管体制，建全区域环保督察派出机构，完善地方环保管理体制。

三、生态经济学理论

（一）生态经济学产生的背景及内涵

1. 产生背景。20 世纪 50 年代以来，整个世界的政治、经济、文化诸方面日益发生着宽泛而深刻的改变。经济高速发展所伴生的环境污染、资源衰竭等生态困境迫使世界上的每一个民族、国家和地区都开始对自己发展经济的成果进行反思，反思自己的经济发展给自然环境带来了怎样的影响。于是，人们的政治眼光、经济眼光和文化眼光以一种前所未有的方式共同聚焦于人与自然或者经济社会发展与环境的关系问题之上。与此同时，经济学界也开始了对传统经济理论和政策进行反思，并试图寻找一种能够处理好经济发展与环境保护相协调的经济学理论用于指导现实。

20 世纪 60 年代末，美国经济学家鲍尔丁发表了《一门科学——生态经济学》的论文，是生态经济学诞生的重要标志。后来，美国女海洋生物学家莱切尔·卡逊研究了人类与生物界的关系，分析了人类所面临的生态危机。从此，生态经济学的研究开始活跃起来，一大批富有影响的专著、论文相继问世。罗马俱乐部的研究报告《增长的极限》提出了"零增长"理论；鲍尔丁提出了"宇宙飞船经济理论"，认为人类活动不能超越地球的承载力。此外，朱利安、甘哈曼也都提出了自己的生态经济理论。

1979 年以后，我国开始了生态经济的研究。1982 年下半年分别在银川和南昌召开了第一次全国农业生态经济研讨会和全国生态经济学术讨论会。1984 年 2 月正式成立了中国生态经济学会，拉开了生态经济研究的序幕。

2. 生态经济学与生态经济的内涵。生态经济学最早曾被称为污染经济学或公害经济学，是生态学和经济学融合而成的一门交叉学科，是研究生态系统和经济系统复合系统的结构、功能及其运动规律的学科，是生态学和经济学相结合而形成的一门边缘学科。从本质上来说，它应当属于经济学的范畴。

从经济学和生态学的结合上，围绕着人类经济活动与自然生态之间相互作用的关系，研究生态经济结构、功能、规律、平衡、生产力及生态经济效益，生态经济的宏观管理和数学模型等内容。旨在促使社会经济在生态平衡的基础上实现持续稳定的发展。

生态经济学要求遵循生态学规律和经济规律，合理利用自然资源和环境容量，按照自然生态系统物质循环和能量流动规律重构经济系统，使经济系统和谐地纳入到自然生态系统的物质循环过程之中，实现经济活动的生态化，以期建立与生态环境系统的结构和功能相协调的生态型社会经济系统。

生态经济就是把经济发展与生态环境保护和建设有机结合起来，使二者互相促进的经济活动形式。它要求在经济与生态协调发展的思想指导下，按照物质能量层级利用的原理，把自然、经济、社会和环境作为一个系统工程统筹考虑，立足于生态，着眼于经济，强调经济建设必须重视生态资本的投入效益，认识到生态环境不仅是经济活动的载体，还是重要的生产要素。生态经济要求在生态系统的承载能力范围之内，结合系统工程方法改变我们人类的生产和消费方式，将资源进行最大限度的利用，不产生任何的浪费，挖掘资源利用的最大潜力，发展一些经济发达、生态高效的产业，建设体制合理、社会和谐的文化以及生态健康、景观适宜的环境。生态经济是实现经济快速发展和生态环境健康文明、精神文化发展和物质文化发展、自然生态和人类生态高度统一和可持续发展的经济。

由上可见，生态经济学是理论，生态经济是实践活动。

（二）生态经济学基本理论

生态经济系统、生态经济平衡和生态经济效益作为生态经济学的三个基本理论范畴，它们之间形成了一种互相联系和相互制约的辩证关系，而且这一决定和影响的关系是双向的。从其正向的决定作用来看，生态经济系统是经济活动的载体，其建立决定了生态经济平衡的建立；而生态经济平衡作为生态经济系统运行动力的形成，推动了该系统的物质循环和能量转换的运动，从而产生了最终的生态经济效益。再从其逆向的反作用来看，人们追求生态经济效益的具体情况（有时是片面的追求），必然会影响生态经济平衡的状况；而生态经济平衡的状态如何，无疑也会左右生态经济系统，以至影响它的存亡。

1. 生态经济系统理论。生态经济系统的构成：生态经济系统由生态系统、经济系统、技术系统三大亚系统构成。

生态经济系统的基础结构——生态系统。系统是具有一定结构、能执行一定功能、占据一定空间的自然实体。

生态系统理论是英国生物学家阿·乔·坦斯利（A. G. Tansley）于 1935 年首先提出来的。强调了有机体和痕迹不可分割的观点，提出了生态系统的概念。认为生态系统的基本概念是系统整体思想，这个系统不仅包括有机复合体，而且也包括痕迹复合体。从定义上看，生态系统是指由植物、动物以及微生物构成的生命系统和由气候、土壤、地貌、纬度等构成的环境系统所组成的相互促进、相互制约的多层次、多要素的复合体。生命有机体和非生命的环境通过物质循环、能量流动和信息传递彼此不可分离地联系在一起，并相互作用构成的一个能够自我维持、自我调节、具有一定独立性的生态体系。

生态系统的成分：一是环境系统。包括太阳辐射、温度、水分、空气等气候因子以及各种无机元素和有机化合物（蛋白质、碳水化合物、脂肪、腐殖质）。二是生命系统。包括生产者（自养生物）、消费者（异养生物）、分解者（生物和真菌，也包括某些原生动物及腐生性动物）。

生态系统的结构。一是形态结构，包括生物种类（动物/植物/微生物）、种群数量（金字塔定律）、种的空间配置（水平分布/垂直分布）、种的时间变化（生长/发育）四个方面。二是营养结构，又称金字塔结构各组成成分之间的营养关系，生态系统中能量和物质流动的基础。当从食物对象的角度研究营养结构时，又可将营养结构称作食物链。低位营养级是高位营养级的能量供应者，但只有大约 10% 被利用。由于能量递减，生物的个体数目也急剧减少（林德曼定律）。生物数目金字塔、生物量金字塔和能量金字塔。

生态系统的类型。按照人类影响程度可以将生态系统分为三类：自然生态系统：依靠自身调节功能维持系统稳定；半自然生态系统：在自然调节基础上，参与人的活动；人工生态系统：按人类意愿建立，并受人类活动控制。

生态系统的功能：能量转化、物质循环、信息传递。

生态经济系统的主体结构——经济系统。经济系统是自然物质资源系统和社会系统复合而成的统一体。从自然物质资源系统来看，经济系统则是它的输出变换器；从社会系统来看，经济系统是它的一个"给养子系统"，即将外部的自然资源转化成消费资料而送到消费者手中。经济系统是一个社会再生产的动态过程，是劳动过程和价值增值过程相统一的生产过程。按社会物质资料再生产过程分为生产—交换—分配—消费子系统；按国民经济划分为工业、农业、商业、交通运输业等子系统。

经济系统的结构。结构，是指各个因素的构成及其相互关系。经济系统的结构依据其研究范围、内容及侧重点不同，划分的方式也有所不同。按生产关系的生产资料所有制分为全民、集体、股份、合资、独资、个体所有制等；按经济活动的过程分为生产—流通—分配—消费，其中生产结构又可分为产业结构、产品结构、技术结构、投资结构等；按部门和行业分为工业、农业、林业、商业结构等；按所包含的范围大小分为整个国民经济结构、部门经济结构、地区经济结构、企业经济结构和家庭经济结构等。

经济系统的功能，即社会生产过程功能，就是人们通过有目的的活动，使自然界的物质形状改变成为能够满足人们需要的产品和服务。而任何生产过程又都是物质循环、能量流动、信息传递、价值形成的过程。

与生态系统相比，经济系统在包含能流、物流、信息流的同时，还存在着价值流。

生态系统与经济系统的关系。一方面，生态系统是基础：生态系统是客观存在的，其自身能够自主地进行着物流、能流，并有其规律性，是不以人的意志为转移的。人类的社会经济活动只能遵循着生态系统的固有规律，充分利用生态系统所提供的各种资源和自然环境才能有效地进行。资源和环境的差异性和多样性也是经济系统所形成的社会分工的客观基础。经济系统运行目标实现，功能发挥，结构转换都必须建立在生态系统的基础上。另一方面，经济系统是主导：人类社会物质资料再生产过程，是自然再生产和经济再生产的过程。这一过程中，生态系统处于基础地位。以人类为主体的经济系统不是被动地适应生态系统，人类通过各种科学技术手段，直接或间接地向生态系统输入各种经济要素，通过生态系统的物质循环和能量转化的过程，产出社会所需要的产品。随着科学技术的不断发展，人类影响和干预生态系统的能力也不断增强。经济系统具有能动地影响和干预生态系统的机制—经济系统对生态系统的主导作用（也称之为反馈作用）。经济系统主导作用可分为正面影响和负面影响。正面影响：既保证生态系统的基础地位，也充分发挥经济系统的主导性作用，从而实现生态系统与经济系统的协调发展；负面影响：是在经济系统运行过程中，人类为了实现经济目标，使生态系统结构破坏，功能紊乱，自我调节能力下降，甚至丧失。

生态经济系统的中介环节——技术系统。技术是人类利用、开发和改造自然物的物质手段、精神手段的总和。在生态经济系统中，技术是联系经济系统和生态系统并使二者融为一体的媒介。木棒、石斧、骨针到简单的金属工具，再到蒸汽机、电子机械等都是反映着经济活动与自然的关系。生态系统中，矿物质输入经济系统并转化为电能或其他经济产品，是通过勘探技术、采掘技术、冶炼技术等实现的。没有现代生物技术就不可能有高端生态产品。

经济系统和生态系统的比较。首先，经济系统与生态系统的相似性具体是：第一，基本原理和作用机制相同。经济系统和生态系统的基本原理和作用机制都是一致的，即都是通过"新陈代谢"模式。生态系统中的生命依靠环境中的物质和能量，通过生物体自身的新陈代谢，维持其生命存在。经济系统通过农业和采掘业不断从外界中吸收物质和能量，再通过加工业、服务业等活动，生产人类所需要的物品和劳务，实现人类的繁衍和发展。第二，系统的整体协调性相似。例如，在生态系统中的食物链就是典型的保持系统协调性的例子。经济系统的商品经济的市场规律就是维护经济协调发展的典型例子等。第三，系统的演化性相似。首先，无论是生态系统还是经济系统都是随着时间维度不断发展变化的。例如，生态系统有可能演变得更加良性循环，气候适宜，环境友好，有可能变得恶化，自然灾害频发。经济系统也是如此，人类社会经历了自然经济、产品经济、商品经济、计划经济、市场经济等。其次，这种演化从总体上看，都是沿着更为优化的方向发展。不能说类人猿演化到真正的人类是一个错误。至于经济系统的演化更为明显，生产力高度发展，物质生活条件越来越丰富。第四，系统的地域性相似。从系统必须与特定的地区空间相联系这方面来看，经济系统和生态系统都具有空间的差异性。一是必须是与地域空间的结合，生态系统天然的就是自然环境条件的表现；经济系统与地区的结合是经济发展绝对不能离开当地社会、经济、文化发展的传统和背景。二是不同空间下的生态系统或经济系统不同，因为地区空间不同，所决定和影响的生态系统和经济系统的特性甚至运行方向是不一样的，青海的柴达木盆地矿产资源丰富，盐湖工业，牧区农业资源资源丰富等。东部沿海地区边贸、高新技术产业园区建设等。

其次，经济系统和生态系统的差异性，具体表现是：第一，反馈模式差异。经济系统是正反馈模式，生态系统是负反馈模式；第二，分解者的作用和地位差：在经济系统中，由于不经消费者而直接流向分解者是毫无意义的，大部分流动的物质通过生产者和消费者转到了外部环境，只有小部分通过分解者进入了再循环。产业系统中的分解者废弃资源的再生产一直处于经济社会发展的边缘地位。但是，生态系统不同，生产者的大部分都直接转到分解者，只有小部分通过消费者再转（10%）。第三，多样性差异。经济系统无论是企业还是工艺，在单位空间上的多样性是很缺乏的，这正是物质、能量及废弃物不能得到循环利用的原因。生态系统物种、系统、基因多种、多样性特征极其明显。第四，系统目标差异。经济系统追求产量或消费者效用最大化，生态系统只要求系统稳定。

生态经济系统的构成原理。耦合原理：生态经济系统的构成，不是各个部分、成分和因子的机械相加，而是通过一定的机制相互耦合的结果；耦合是指依靠因果关系链联结在一起的因素集合，各子系统或因素之间的因果关系；生态经济系统就是经济系统和生态系统相互耦合、互为因果关系的系统。第一，生态系统的负反馈机制。生态系统内部存在着一种负反馈机制，调节着系统中种群生物量的增减，使之维持动态平衡。这个负反馈机制主要是通过营养关系进行的。当被消费者数量增加（或减少）时，消费者的数量也增加（或减少）。被消费者的数量增加（或减少）恰恰又导致了它下一步减少（或增加）。这种负反馈机制交替作用的过程，使生态系统内各生物种群个体数量大致维持在一定的水平上。第二，经济系统的正反馈机制。经济系统的正反馈机制，表现为经济要素和经济系统目标之间的反馈关系。经济系统的特点是受到人口增长和生活质量提高的影响，经济需求不断地得到满足，促使经济目标向正反馈方向提升，因而其本质是一个正反馈过程。第三，生态系统和经济系统的耦合。生态系统负反馈机制导致其内部物质、能量更新量的稳定性，即有一个上限或阀值；而经济系统正反馈机制决定了其对物质、能量的需求是无限的。在某个周期内没有足够的资源供经济增长消耗。于是，出现一个负反馈过程，迫使经济系统调整发展速度，即降低经济增长目标。但是，当遇到永远为正的内在需求动力的阻滞时，矛盾便形成了。总之，一个良性的生态经济系统，其生态系统和经济系统必然是互为因果关系，也就是实现生态、经济、技术耦合。

生态经济系统的要素配置。生态经济系统的要素配置是人类根据生态经济系统的构成、要素作用效应，以及由此给社会经济系统或环境系统所带来的后果，通过人类自觉的生态意识，遵循一定的原则，利用技术措施对生态经济系统所进行的重新安排、设计、布局的活动。具体说来，一是生物要素的调控。对一定生态系统中的动、植物时空分布、数量、品种等进行组合。如根据生态系统的容量和阈值对森林草地、作物、人口等进行增减、位移和变动。生态工程提出，应用生态学原理对生态经济系统进行生物调控，是一种综合的工艺技术体系和综合工艺过程。二是经济要素的配置。即对生态经济系统中的人、财、物和信息等要素进行过滤、选择和实施的活动。三是技术要素的配置。包括作用于一定生态经济系统的技术措施、技术设施、技术方案和技术决定等。

对生态经济要素配置结构的评价。稳定性、高效性、持续性；生态经济系统要素配置不合理的表现：结构失调、功能低劣、发展不稳。

2. 生态经济平衡理论。生态经济平衡是指构成生态经济系统的各要素之间达到协调稳定的关系，特别是经济系统与生态系统达到协调统一的状态。这是在生态经济学探索过程中出现的概念，反映了对经济问题和生态问题进行综合研究的发展趋势。其中，生态平衡是指一个在外部条件相对稳定的情况下，其内部也相对稳定的生态系统。在一个生态系统内，生物与生物之间以及生物与环境之间，通过物质循环、能量循环和信息传递关系达到的结构和功能相互适应的稳定状态。同时，生态平衡是一个呈现出进化趋势的动态平衡。生态经济平衡有狭义和广义两层含义。

狭义的生态经济平衡就是人工生态平衡。一般说来，人工生态系统的平衡基本上是生态平衡与经济平衡的统一。广义地说，生态经济平衡包括生态平衡、经济平衡以及经济系统与生态系统之间的平衡。生态平衡是经济平衡的前提和基础之一，经济平衡应该能够维护和促进生态平衡。

生态平衡和经济平衡的关系具体表现为：在整个生态经济平衡中，生态平衡是整个平衡的基础，因为如果生态系统失衡，就会恶化经济活动的环境，不能保持经济运动的持续平衡，每一次重大的自然灾害总是会给人们带来巨大的经济损失，所以说，生态平衡是经济发展甚至经济平衡的基础所在；另一方面，经济平衡对于生态经济平衡具有主导作用，生态失衡是对生态系统运动的一种描述，对于人来说没有具体利益可言，而经济平衡则是从人类经济社会的发展目标来考虑的，因此，离开具体的经济社会发展目标单独来谈生态平衡，没有实际意义。在当代条件下的社会发展，首先要争取世界经济增长的规模、结构、建设、速度与地球生物圈的承载能力保持平衡，即世界范围的生态经济平衡。其途径在于以经济增长的物质条件和技术条件促进地理环境的生态结构乃至地球生物圈定向发展，以增强社会经济系统的自然基础来达到经济平衡。

3. 生态经济效益理论。生态经济效益。经济效益，就是人们从事经济活动所获得的成效与所投入的耗费的比较。生态效益，是指人们从事经济活动，投入一定的耗费后，在产生一定的经济效益的同时，也产生的对人们有用的各种自然效应。它主要以所形成的各种生态系统功能的形式来表现。生态经济效益是经济效益和生态效益结合所形成的复合效益。它既包括人们投入一定的劳动耗费后所获得的有形产品，也包括同时所获得的各种对人有用的无形效应。在人们对一定的生态系统作了一定的投入后，所获得的这种有形产品和无形效应越多，所获得的生态经济效益就越高，反之就越低。

生态经济评价。生态经济评价主要有资源评价、环境评价、结构评价、功能评价、效益评价五个方面。

资源评价：这里是指自然资源产品评价，因为自然资源产品是自然生态系统的主体。资源产品的形成过程不仅受到经济因素的制约，而且受到自然因素的制约，产品量的实物量计算以及相应的价值量评估，这是生态经济评价的核心部分。

环境评价：不同的生态经济系统由于所处的自然环境和社会经济环境的不同，存在着很强的地域差异和序演替性，加之人们对系统干预的差别，直接影响着系统输入输出的效率，使生态经济系统表现出不同的功能和效益，通过评价可以揭示由于自然资源不合理利用所带来的负效果，为今后确定资源的最佳利用方向和方式，调整系统结构，实现资源可持续利用提供客观依据。

结构评价：系统结构反映系统内各种关系是否协调和有序，极大地影响着整个系统的功能水平。因而，生态经济必须从其结构状况入手，通过对系统内部生态结构、经济结构和技术结构的分析来揭示主要生态经济关系的基本特征，在评价时就要综合考虑这三项结构的协调性和相关性。

功能评价：系统功能是系统的作用和效率，也是人们追求的直接目的，生态经济系统的功能最终要体现到生态功能、社会功能和经济功能以及三者的综合功能，功能的评价主要是在结构评价基础上分别进行生态功能、社会功能和经济功能的计算和分析，同时对系统对外部环境的影响进行计量评价。

效益评价：在上述评价的基础上，评价生态经济系统功能对人类社会系统及其与人类社会密切相关的系统作用的效果，着重在各类指标评价的基础上采用一定的方法进行生态经济系统多功能对人类社会作用的综合效果即资源综合效益的计量和评价。

生态经济效益的综合评价方法：由于生态经济系统的复杂性和综合评价目标的多重性，完全恰当而适用的评价方法尚未问世。目前有三类方法：第一类是以经济分析为特点的方法，如效益费用分析法，投入产出法和效益风险法；第二类是以系统分析为特征的方法，重点介绍多目标决策分析法和动力学方法；第三类为熵值分析法。这些评价方法的共同特点是：理论性较强，应用范围广和比较全面综合。下面主要介绍前两类方法。

第一，经济分析类方法。一是效益—费用分析法。效益—费用分析是判别和度量一个建设项目或规划对象的经济效益和费用的一种方法。这种评价方法是综合运用多种学科知识对经济—环境系统进行分析的方法，其评价过程可分为四个步骤：首先确定开发项目对各种重要环境的影响；其次，对环境影响加以量化；再次，对这些数量变化进行估价，并以货币价值表示；最后才是经济分析，即用某种形式的效益—费用分析进行综合评价。这种方法对于复杂的生态经济系统而言，目标并不单一，而是多目标的。

二是风险效益分析法。风险效益分析是指在生态经济系统中，自然资源开发利用可能遭到不利后果的概率及其效益的分析。风险效益分析的内容：一是超前风险函数的估计，即估计风险发生的可能概率（它是以合理的已知概率分析形式来描述的）。二是风险发生后效益的估算及对系统（包括生态、经济、社会）产生影响的评价。风险效益分析法作为开发资源、发展经济与改善环境质量的评价方法，具有广泛应用的前景。因为开发利用资源对环境产生不利影响的概率是可估算的。风险发生后对系统产生的影响。采用效益费用分析法中的外部效益与外部费用也是可以测算的。因此，对于水、土资源生态经济系统的效益评价可与上述经济效益费用分析法同时使用。

三是投入产出分析法。投入产出分析是由 W. 里昂捷夫 1936 年创立的。它的基础是现代经济系统中生产活动之间的相互联系，并以投入产出表来体现。该表的一般结构有三部分：第一部分是各种产品的最终需求；第二部分是各生产部门的生产与分配关系；第三部分是新创造的价值。在编制好投入产出表后，需要计算各部门间生产技术性的数量联系，以直接消耗（也称技术系数或投入系数）表示。接着要计算完全消耗系数。在直接和完全消耗系数确定后，就可应用线性分配平衡方程组，计算出所有部门的总产品数量（当所有部门最终产品数量已知时），或计算出所有部门的最终产品的数量（当所有部门的总产品数量已知时）。

第二，系统分析类方法：系统分析是对所有系统均有普通意义的科学技术，对不同类型的生态经济系统问题，都是适用的。运筹学的一些方法，大系统多目标决策方法、动力学的方法等，都可创造性地应用。主要有：

一是多目标决策分析法。生态经济系统是一个多层次、多目标、多方案的复杂大系统，其资源的开发利用，涉及生态、经济、社会、技术等方面的广阔领域。因此，它是一个典型的大系统（可分解、协调和聚合）多目标（不是单一目标）决策（方案多要择优）问题。概括起来，这些方法可分为三种：第一种是向量优化技术，或非劣解生成技术；第二种是结合偏好的评价决策技术，或非交互式决策技术；第三种是结合偏好的交互式决策技术，或对话式决策技术。近些年来，国外和国内对水、土资源和能源开发利用中已基本广泛使用，但不及效益—费用分析法普及。

二是系统动力学方法。系统动力学是分析研究信息反馈系统的建模技术和计算机模拟方法。这种方法将研究对象视为信息反馈系统，且每个系统中都存在信息反馈机制，它规定了系统行为的模式；同时，研究对象可分为若干子系统，并建立各子系统的因果关系，从而模拟系统的动态及非线性特征，得到系统的响应过程，有助于洞察系统各种内外因素的演变趋势。因此这种方法被誉为"政策实验室"。应用这种方法，可对不同类型的生态经济系统进行评估，例如水资源生态经济系统的评估等。

（三）生态经济学的主要流派

1. 停滞派——零度增长论。罗马俱乐部的悲观派认为，经济的发展、技术的使用都已达到极限，人口增长也已如此，因此，为了人类的生存，必须停止增长，即零度增长论。他们认为经济发展把生态系统推到了崩溃的边缘，人类引向了世界末日，主张退回 18 世纪以前的田园经济时代，因而被称为停滞派。

2. 观望派——无关论。在部分发展中国家，一些学者持观望态度，认为生态环境问题是发达国家的事情，与发展中国家无关，因而被称为无关论。

3. 乐观派。乐观派提出了"没有极限的增长"的观点，他们认为保持持续增长最为安全。因为随着经济、科技的进步，人类资源供应会源源不断，生态环境将趋于平衡。

4. 主流派——可持续发展论。多数学者认为生态环境问题必须高度重视，生态环境的净化、循环与再生能力是有限的，超过这一限度，将会出现不可遏止的退化，人类生存危机在所难免。他们还认为，只要发展道路是科学的，就会实现可持续发展，避免环境灾难。

（四）生态经济学的学科体系

生态经济学是以生态学为基础、经济学为主导、人类活动为中心，研究生态经济复合系统的结构、功能、效益及其运动规律的科学。它具有系统性、综合性、协调性、战略性、持续性、地域性、层次性和动态性的特点。

1. 生态经济学的学科基础。第一，生态学基础。是研究生物及其生存环境的相互关系、结构、功能及其运动规律的科学，其中生态位、生态足迹理论是重点。其中生态位理论包括食物链、能量梯级利用、生态平衡等基本原理，利用这些基本原理，可以重组经济运行过程。第二，经济学基础。是研究物质生产活动及其经济关系和经济活动规律的科学。其中，外部效应理论（产权）、博弈论是核心。第三，哲学基础。主要有三种理论模式和学说：人类中心主义，即浅环境论；非人类中心主义，即深环境论；可持续发展环境伦理观。第四，物理学基础。其中熵值理论（热力学第二定律）；能值理论（能量代替货币）；物质流（质量守恒定律）是核心。以物质流应用为例，（1）物质分类：非生物物质、生物物质、水、土地的搬运。（2）三个衡量经济系统物质消耗的指数：物质需求总量 = 国内直接物质输入 + 生态包袱 + 进口直接物质输入 + 生态包袱，它是衡量经济系统某一年资源消耗总量的指标；物质消耗强度 = 物质需求总量 ÷ 人口数，是衡量经济系统某一年人均资源消耗量的指标；物质生产力 = 国内生产总值 ÷ 物质需求总量，是衡量经济系统某一年资源利用效率的指标。

2. 生态经济学的学科体系。生态经济学主要由理论生态经济学、部门生态经济学、专业生态经济学、综合生态经济学以及地域生态经济学等方面构成。

（五）生态经济学对生态化城镇建设的意义

生态经济学就是一门指导发展和改革的科学。因此，用生态经济理念指导生态化城镇建设具有必然性。因为，从生态与经济的结合上看，最基本的生态经济根源在于城镇是一个不完全的生态系统。在城镇生态系统中，一是城镇的"生产者"和"消费者"不完全，需要从系统外（即从农村生态系统）输入大量的食物和农畜产品及工业原料，同时也向农村系统输出大量产品和服务，以消化城镇的产出；二是"分解者"不完全，城镇本身排出的大量生产和生活废弃物，依靠城镇自身也不能"还原"消化；三是非生物环境要素也不完全，如城镇生产和生活所需的大量能源和矿物原材料，也都必须依赖外系统来提供。城镇生态系统的结构不完全，必然也带来其功能的不完全。

再从改革的实质看，目前我国实际上正进行着两种类型的经济改革。一种是遵循客观经济规律要求，从人与人的关系上进行的经济体制改革。这一改革已经进行了30多年，取得的成就世界瞩目。其核心是从人的需求出发，通过制度和技术创新，激活人的主动性和积极性，解放被束缚的社会生产力，促进经济的迅速发展。另一种是遵循客观自然规律的要求，从人与自然的关系上进行改革，通过转变经济发展方式，缓解人与自然的矛盾，试图重建人与自然的友好关系，其核心是解放被束缚的自然生产力，促进经济的可持续发展。就实际情况看，这一改革虽在持续推进，但还没有取得实质性进展，甚至还没有被更多的人所认识和接受。因此，继续深化这一改革，把我国经济社会的发展放在既符合客观经济规律，同时也符合自然规律的基础上，通过新型城镇化来建立资源节约和环境友好型社会，推动经济可持续发展，不仅是生态时代的客观要求，也是历史发展的必然。

当前，用生态经济学的理念指导城镇化建设，一个带根本性的取向是：遵循生态经济规律，调整城镇化建设思路，转变城镇化发展方式，走出一条低碳、环保、智能、创新的生态化城镇建设道路，发挥城镇的生态经济功能和潜力，不仅是一个关系到经济增长方式和生活方式转变的重大使命，也是一个功在当代，利在千秋的伟大创举，具有重大和深远的意义。

四、循环经济理论

（一）循环经济思想的起源及发展

循环经济的思想萌芽可以追溯到环境保护兴起的 60 年代。1962 年美国生态学家莱切尔·卡逊发表了《寂静的春天》，指出生物界以及人类所面临的危险，自此，循环经济思想开始萌芽。但"循环经济"一词，首先由美国经济学家肯尼思·鲍尔丁在 1966 年发表《一门科学——生态经济学》一文中提出，主要指在人、自然资源和科学技术的大系统内，在资源投入、企业生产、产品消费及其废弃的全过程中，把传统的依赖资源消耗的线形增长经济，转变为依靠生态型资源循环来发展的经济。肯尼思·鲍尔丁的"宇宙飞船经济理论"可以作为循环经济的早期代表。大致内容是：地球就像在太空中飞行的宇宙飞船，要靠不断消耗自身有限的资源来生存，如果不合理开发资源，破坏环境，就会像宇宙飞船那样走向毁灭。因此，宇宙飞船经济提出一种新的发展观：第一，必须改过去那种"增长型"经济为"储备型"经济；第二，要改变传统的"消耗型经济"，而代之以休养生息的经济；第三，实行福利量的经济，摒弃只着重生产量的经济；第四，建立既不会使资源枯竭，又不会造成环境污染和生态破坏、能循环使用各种物资的"循环式"经济，以代替过去的"单程式"经济。

循环经济思想从提出到发展，经历了一个较长的过程。20 世纪 70 年代以前，循环经济的思想只是一种理念，当时人们关心的主要是对污染物的无害化处理。20 世纪 80 年代，人们认识到应采用资源化的方式处理废弃物，循环经济思想向前发展了一步。20 世纪 90 年代以来，发展知识经济和循环经济成为国际社会的两大趋势。我国从 20 世纪 90 年代起引入了关于循环经济的思想。此后对于循环经济的理论研究和实践不断深入。特别是可持续发展战略成为世界潮流的近些年，环境保护、清洁生产、绿色消费和废弃物的再生利用等才整合为一套系统的以资源循环利用、避免废物产生为特征的循环经济战略，此后对于循环经济的理论研究和实践不断深入，循环经济思想逐步走向成熟。

（二）我国循环经济思想的演进

1998 年，我国引入德国循环经济概念，确立"3R"原理的中心地位；

1999 年从可持续生产的角度对循环经济发展模式进行整合；2002 年从新兴工业化的角度认识循环经济的发展意义；2003 将循环经济纳入科学发展观，确立物质减量化的发展战略；2004 年，提出从不同的空间规模——城市、区域、国家层面大力发展循环经济。

（三）循环经济的本质

循环经济在学术界被认为是物质闭环流动型经济，以 3R 为原则，是把清洁生产和废弃物综合利用融为一体、以资源的永续利用为基本特征的经济。循环经济模仿生态系统的物质循环模式，要求人们在生产实践中坚持生态与经济的结合，经济学原则与生态学原则相结合，从根本上使经济资源的利用方式与生态环境的整体性平衡相协调，实现生态效应、经济效应和社会效应三者的统一。因此，从理论形态看，循环经济就是以生态经济学为基础又延展出的另一个经济理论领域；从本质上看，循环经济则是一种生态经济。

（四）循环经济的基本特征

与传统经济相比，循环经济的特征在于：传统经济是一种由"资源—产品—污染排放"单向流动的线性经济，其特征是高开采、低利用、高排放。在这种经济中，人们高强度地把地球上的物质和能源提取出来，然后又把污染和废物大量地排放到水系、空气和土壤中，对资源的利用是粗放的和一次性的，通过把资源持续不断地变成废物来实现经济的数量型增长。与此不同，循环经济倡导的是一种与环境和谐的经济发展模式。它要求把经济活动组织成一个"资源—产品—再生资源"的反馈式流程，其特征是低开采、高利用、低排放。所有的物质和能源要能在这个不断进行的经济循环中得到合理和持久的利用，以把经济活动对自然环境的影响降低到尽可能小的程度。因此，循环经济是对"大量生产、大量消费、大量废弃"的传统经济模式的根本变革。其基本要求是：在资源开采环节，要大力提高资源综合开发和回收利用率；在资源消耗环节，要大力提高资源利用效率；在废弃物产生环节，要大力开展资源综合利用；在再生资源产生环节，要大力回收和循环利用各种废旧资源；在社会消费环节，要大力提倡绿色消费。

（五）循环经济的主要理念

新的系统观：循环经济是由人、自然资源和科学技术等要素构成的大系统。要求人类在考虑生产和消费时不能把自身置于这个大系统之外，而是将自身作为这个大系统中的一部分来研究符合客观规律的经济原则。这就要求人类从自然—经济大系统出发，对物质转化的全过程采取战略性、综合性、预防性措施，降低经济活动对资源环境的过度使用，避免经济活动对环境造成负面影响，使经济社会的循环与自然生态资源的循环更好地融合起来，达到区域物质流、能量流、资金流系统优化配置的目的。

新的经济观：在传统经济发展的诸要素中，资本在循环，劳动力在循环，甚至科学技术也在循环推进，而唯独自然资源没有形成循环。循环经济观要求运用生态学规律，而不是仅仅沿用 19 世纪以来机械工程学的规律来指导经济活动。不仅要考虑工程承载能力，还要考虑生态承载能力。在生态系统中，经济活动超过资源承载能力的循环是恶性循环，会造成生态系统退化；只有在资源承载能力之内的良性循环，才能使生态系统平衡地发展。

新的价值观：循环经济观在考虑自然环境价值时，不再像传统工业经济那样将其作为"取料场"和"垃圾场"，也不仅仅将其视为人类经济活动可资利用的资源库，而是将其作为人类赖以生存和发展的安身立命之基，是需要人类精心维持其良性循环的生态系统；在考虑科学技术时，不仅考虑其对自然的开发能力，而且要充分考虑到它对生态系统的修复能力，使之成为有益于环境优化的技术；在考虑人自身的发展时，不仅考虑人对自然的征服能力，而且更重视人与自然和谐相处的能力，促进人的全面发展。

新的生产观：传统经济的生产观念是最大限度地开发利用自然资源，最大限度地创造社会财富，最大限度地获取利润。而循环经济的生产观念是要充分考虑自然生态系统的承载能力，尽可能地节约自然资源，不断提高自然资源的利用效率，创造良性的社会财富。在生产过程中，循环经济观要求遵循"3R"原则：资源利用的减量化（Reduce）原则，即在生产的投入端尽可能少地输入自然资源；产品的再使用（Reuse）原则，即尽可能延长产品的使用周期，并在多种场合转换使用；废弃物的再循环（Recycle）原则，即最大限度地减少废弃物排放，力争做到排放的无害化，实现资源再循环。同时，在生产中还要求尽可能地利用可循环再生的资源替代不可再生资源，如利用太阳能、风能和农家肥等，使生产合理地依托在自然生态循环之上。

新的消费观：循环经济观要求走出传统经济"拼命生产、拼命消费"的误区，提倡物质的适度消费、层次消费，在消费的同时就考虑到废弃物的资源化，建立循环生产和消费的观念。同时，循环经济观要求通过税收和行政等手段，限制以不可再生资源为原料的一次性产品的生产与消费，如宾馆的一次性用品、餐馆的一次性餐具和豪华包装等。

（六）发展循环经济的主要途径

发展循环经济的主要途径可以从两个方面把握：一是从资源流动的组织层面来看，主要从企业小循环、区域中循环和社会大循环三个层面来展开；二是从资源利用的技术层面看，主要从资源的高效利用、循环利用和废弃物的无害化处理三条技术路径去实现。

1. 资源流动组织层面的发展途径。从资源流动的组织层面，循环经济可以从企业、生产基地等经济实体内部的小循环，产业集中区域内企业之间、产业之间的中循环，以及包括生产、生活领域的整个社会大循环三个层面来展开。

第一，以企业内部的物质循环为基础，构筑企业、生产基地等经济实体内部的小循环。企业、生产基地等经济实体是经济发展的微观主体，是经济活动的最小细胞。依靠科技进步，充分发挥企业的能动性和创造性，以提高资源能源的利用效率、减少废物排放为主要目的，构建循环经济微观建设体系。

第二，以产业集中区内的物质循环为载体，构筑企业之间、产业之间、生产区域之间的中循环。以生态产业园区为推广和应用为主要形式，通过产业的合理组织，在产业的纵向、横向上建立企业间能流、物流的集成和资源的循环利用，重点是废物交换、资源综合利用，以实现园区内生产的污染物低排放甚至"零排放"，形成循环型产业集群，或是在循环经济区，实现资源在不同企业之间和不同产业之间的充分利用，建立以二次资源的再利用和再循环为重要组成部分的循环经济产业体系。

第三，以整个社会的物质循环为着眼点，构筑包括生产、生活领域的整个社会大循环。统筹城乡发展、统筹生产生活，通过建立城镇与城乡之间、人类社会与自然环境之间循环经济圈，在整个社会内部建立生产与消费的物质能量大循环，包括生产、消费和废弃物的回收利用，构筑符合循环经济的社会体系，建设资源节约型、环境友好的社会，实现经济效益、社会效益和生态效益的最大化。

2. 资源利用技术层面的发展途径。从资源利用的技术层面来看，循环经济的发展主要是从资源的高效利用、循环利用和无害化生产三条技术路径来实现。

第一，资源的高效利用：依靠科技进步和制度创新，提高资源利用水平和单位要素的产出率。在农业生产领域，一是通过探索高效的农业生产方式，集约利用土地、节约利用水资源和能源等。二是改善土地、水体等资源的品质，提高农业资源的持续力和承载力。在工业生产领域，资源利用效率提高主要体现在节能、节水、节材、节地和资源的综合利用等途径，实现资源的高效利用。在生活消费领域，提倡节约资源的生活方式，推广节能、节水用具。节约资源的生活方式不是要削减必要的生活消费，而是要克服浪费资源的不良行为，减少不必要的资源消耗。

第二，资源的循环利用：通过构筑资源循环利用产业链，建立起生产和生活中可再生利用资源的循环利用通道，达到资源的有效利用，在与自然和谐循环中促进经济社会的发展。在农业生产领域，遵循自然规律并按照经济规律，通过先进技术构建有机耦合的农业循环产业链。包括：一是构建种植—饲料—养殖产业链条；二是构建养殖—废弃物—种植产业链条；三是构建养殖—废弃物—养殖产业链条；四是构建生态兼容型种植—养殖产业链，如"稻鸭共育"、"稻蟹共生"、放山鸡等种养兼容型产业模式；五是构建废弃物—能源或病虫害防治产业链条。畜禽粪便经过沼气发酵，产生的沼气可向农户提供清洁的生活用能。在工业生产领域，以生产集中区域为重点区域，以工业副产品、废弃物、余热余能、废水等资源为载体，加强不同产业之间建立纵向、横向产业链接，促进资源的循环利用、再生利用。在生活和服务业领域，重点是构建生活废旧物质回收网络，充分发挥商贸服务业的流通功能，对生产生活中的二手产品、废旧物资或废弃物进行收集和回收，提高这些资源再回到生产环节的概率，促进资源的再利用或资源化。

第三，废弃物的无害化排放：通过对废弃物的无害化处理，减少生产和生活活动对生态环境的影响。在农业生产领域，主要是通过推广生态种植和养殖方式，实行清洁种植养殖。在工业生产领域，推广废弃物排放减量化和清洁生产技术，扩大清洁能源的应用比例，降低能源生产和使用的有害物质排放。在生活消费领域，提倡减少一次性用品的消费方式，培养垃圾分类的生活习惯。

（七）循环经济理论与生态化城镇建设的关系

1. 循环经济理论是生态化城镇建设的理论基础。生态化城镇建设是借鉴生态系统原理，以加强城市系统的内部循环与优化为手段，以物质与能量的多级高效利用为目标，促进城市可持续发展的实践活动，这与循环经济理论内涵深度融和，是循环经济在新型城镇化建设中的重要体现。因此可以说，循环经济理论是生态城市建设的理论基础。

循环经济理论也是可持续发展思想在经济社会发展领域的体现和实践，与传统经济相比，循环经济就是把清洁生产和废弃物的综合利用融为一体的经济，循环经济模式是环境与经济协调发展的模式，这在生态化城镇建设中尤其重要。

2. 循环经济理论指导生态化城镇建设。长期以来，由于传统工业化和城镇化发展思路出现的偏差，在城镇规模急剧扩大，城市化率快速提高的同时，也造成了城市环境、自然环境乃至整个生态环境的较大破坏。为了提升新型城镇化建设质量，推进城镇化健康发展，改善已经恶化的城市生态环境，有必要在扬弃传统城镇建设成果和经验的基础上，以低碳、智能、和谐、生态为指导，创新城市发展思路，建设具有强大生命力、符合21世纪世界城市发展主流趋势的生态城市。为此，就要充分重视循环经济理论在生态城市建设中的指导作用，以便为城市提供良好的生态循环系统，促进城市与自然环境、人与生存空间的和谐统一。循环经济理论与生态化城镇建设的关系主要体现在两个方面。

第一，利用循环理念指导生态化城镇建设：自然循环是指自然资源环境的自我循环，早在人类之前就已经存在。原始社会甚至农耕生产阶段，人类从自然界中获取食物和生存的必需品，排放的废物也在自然界中分解和净化，并未突显环境破坏的问题。人类社会进入工业化时代以后，人能够以煤炭和石油为燃料制造电力等其他能源，人也开始大规模地从乡村转向城市。进入城市以后，人类利用自然赋予的资源及能源，依托科学技术手段，不仅为自己建造了安全的住宅，还发明了汽车和家电等耐用消费品，创造了新的城市生活文明，而城市生活文明恰恰是建立在能源高消费基础上的，这种能源高消费又带来各种各样的环境污染问题。由于对能源的无节制消费，使得人类在生产和生活中排放的废弃物已远远超过城市生态的自然循环净化能力，致使环境污染问题日益突出，而且由于"科学"的发展，出现了越来越多的自然循环中无法降解和自净的污染物。同时，人类为了追求经济的高速发展，能源高消费使物质循环规模不断扩大，在物质利益的驱使下，人们对自然环境也进行了肆无忌惮的掠夺和破坏，污染废弃物的放纵排放，自然资源的肆意开发，都远远超过了环境的自然循环能力和恢复能力。众所周知，目前的城市中已很难见到城市初创时的自然生态，城市内外已找不出几条清澈的河流，城市上空已很难见到蓝天白云，常年被雾霾笼罩，城市已不再是一个宜居宜业的生存处所，这不能不引起人们的高度警觉。因此，生态城市建设与循环经济实践已势在必行。为此，我们需要利用循环经济理论指导生态城市建设活动，下大力气整顿城市环境污染，加强城市环境规划与建设，运用政策、法律和科技创新手段，重建城市环境的自然循环能力，恢复城镇的生态功能，以实现城市环境的低负荷，推进城市的可持续发展。

第二，利用循环经济理论指导生态化城镇建设：建设生态化城镇，要遵循经济规律、社会规律和自然规律，根据循环经济理论，以最小的环境资源代价谋求城市经济社会最大限度的发展，以最小的经济社会成本保护资源和环境，既不为发展而牺牲环境，也不为单纯保护而放弃发展。既要创建良好的生态环境和宜居宜业的生存环境，又要确保城市社会经济持续健康地快速发展，从而走上一条科技先导型、资源节约型、生态保护型和循环经济型的现代城镇发展之路。

循环经济的基本单位是产业生态，是一种遵循生态系统规律并由若干相互消费"废物"和共用基础设施的企业构成的产业共生体系。因此，需按照产业生态关系，综合考虑多种产业和多个生产及消费过程间的物质流、能量流、信息流及资金流的集成和流转，从而在区域内提高资源、能源的利用效率，使废物资源化，向区域外的废物排放最小化，使区域经济和生态环境同时优化。城市经济本身就是一种区域经济，生态城市的经济就是一种循环经济。生态城市的建设应该按照生态体系中的生产、消费和"废物"处理机制，将现行的"资源—产品—废物排放"开环式经济流程转化为"资源—产品—再资源化"的闭环式经济流程，从而实现城镇资源的减量化与废弃物的资源化，最终达到城镇生态的良性循环。

第四章　西部生态化城镇建设必要性分析

一、西部地区的基本情况

（一）地理版图

"10+2+2"是西部地区的最新定义。中国西部由西南五省市（四川，云南，贵州，西藏，重庆），西北五省市（陕西，甘肃，青海，新疆，宁夏）和内蒙古，广西，以及湖南的湘西，湖北的恩施两个土家族苗族自治州组成。土地面积681万平方公里，占全国国土面积的71%；目前有人口约3.5亿，占全国人口的28%。其南北跨越28个纬度，东西横贯37个经度，远离海洋，深居内陆；自然条件丰富多彩，纷繁复杂，"三原四盆"是其基本地势特征——青藏高原、黄土高原和云贵高原占据西部的大部分，柴达木、塔里木、准噶尔和四川盆地位居其中；"一高一干一季"构成了西部的三类自然区，即青藏高原区、西北干旱区和局部地区的季风气候区，呈现出各自的自然特点。西部地区与十多个国家接壤，陆地边境线长达12747公里，如此之长的陆地边境线，无疑为西部地区发展边境贸易展现了诱人的前景，历史上穿越西部地区的"丝绸之路"曾是中国对外交流的第一条通道。西部地区疆域辽阔，人口稀少，是我国经济欠发达、需要加强开发的地区。全国尚未实现温饱的贫困人口大部分分布于西部地区，它也是我国少数民族聚集的地区。

（二）自然资源

西部地区地域辽阔，矿产资源丰富，经地质勘查探明有储量的矿产有161种，西部地区就有120多种，其中煤炭占全国的36%，石油占12%，天然气占71%，一些稀有金属的储量名列全国乃至世界的前茅。中国水力资源蕴藏量居世界第1位，西部地区蕴藏量占全国的82.5%，已开发水能资源占全国的 77%，仅西南地区就集中了全国水能可开发资源的 61.4%。

在西部大开发的几十年中，在自然资源的支撑下，依托国家政策，西部经济有了长足的发展，城镇化的水平不断提升，但也使环境与生态付出了十分沉重的代价，使经济与环境的矛盾日益激化。西部本是我国生态环境最脆弱的地区，据有关部门统计，全国一半以上的生态脆弱县和贫困县集中在西部。在长期形成的国内分工格局中，西部地区工业结构很不合理，表现为能源和原材料工业比重大，粗加工工业比重大，而这些传统企业大都技术落后、设备陈旧，高消耗低产出的生产方式在生产出低附加值产品的同时，也造成了大量的废弃物排放。据统计，西部地区万元产值排放的污染物，要比东部地区高出 1~5 倍，资源极大浪费的同时，对生态环境也造成了巨大破坏。资料显示，仅西部地区的土地侵蚀面积就达 410 万平方公里，占全国总侵蚀面积的 83.3% 和西部地区国土面积的 60.6%，每年因生态环境破坏造成的直接经济损失达 1500 亿元，占当地同期国内生产总值的 13%。这是我们必须正视的资源环境现状。

（三）民族文化

西部地区民族众多、地域广袤，有 44 个少数民族，是中国少数民族分布最集中的地区。在长期的历史变迁中，少数民族孕育了灿烂的文化，这些文化具有地域性、多元性和原生态性的特点，且经历了复杂的沿革。从文化交流角度看：上古时代，无论西北还是西南，都与中原地区有着密切的交往。从西汉起，西部已进入中国历史的视野。唐代，西部就包括了青藏高原的腹地、云贵高原、北方草原、辽阔的西域，甚至沿丝绸之路越过帕米尔高原。汉唐两朝众多的公主远嫁乌孙、吐谷浑、契丹、突厥、回纥、南诏等地和亲，使神奇的西部文化与内地的联系进一步加深；从地域和文化个性看：西部地区至少可以划分为几个大的文化圈：黄河流域为中心的黄土高原文化圈，西北地区的伊斯兰文化圈，北方草原文化圈，天山南北为核心的西域文化圈，青藏高原为主体的藏文化圈，长江三峡流域和四川盆地连为一体的重庆巴文化、四川蜀文化圈，云贵高原及向东延伸的滇黔文化圈等。这些文化圈具有各自相对明显的个性或风格：黄土高原文化悠远古朴，伊斯兰文化充满异域色彩，北方草原文化热情奔放，西域文化显出东西合璧之美，藏文化凝重神秘，巴蜀文化古色古香，滇黔文化富于人性化的欢乐。这种多样性的文化个性与各个民族的生活方式、观念、习俗、宗教、艺术以及悠久历史、生存环境紧密相连，形成了一种广义的文化集合体。

二、西部地区的优势与面临的主要问题

西部地区社会经济发展现状是其独特的自然和人文地理条件以及国家区域发展战略决定的，充分认识西部地区的优势和面临的主要问题，是确定或创新西部发展思路的基础。

（一）西部地区的优势

1. 西部是重要的资源宝库。首先，西部地区矿产资源和能源具有绝对优势，是全国能源战略重点西移和"西气东输""西电东送""北煤南运"等国家战略资源调配的重要基地。西部矿产资源品种齐全，总量丰富，如煤炭、天然气等传统能源，铁等黑色金属与镍、铂、钛、铬等有色金属储量丰富，且品量优良，组合较好，人均占有资源绝对量大，具备建立多个全国性大型原材料基地的资源优势。其次，旅游资源丰富多彩：西北大漠孤烟，长河落日；青藏雪域神秘，空灵幽远；西南山水圣境，诗画家园；同时，作为中华民族的发祥地之一，西北的黄河文明历史人文旅游资源，古"丝绸之路"沿线的异域文化遗迹，十三朝古都西安的人文气象及集建筑、绘画、雕塑为一体的敦煌莫高窟等，都是独一无二的旅游资源。加之西部又是我国少数民族的主要聚居地，民族和文化多样性和特色使西部地区有着与其他地区迥然不同的风格和魅力。最后，西部地区多样化的国土资源类型成就了复杂多样生态环境，这为不同物种的繁衍生息和植物生长提供了得天独厚的条件，特别有利于西部土地利用方式多样化，有利于形成农、林、牧、渔多种经营协同发展的大农业格局。

2. 西部是我国发展和稳定的战略要地。改革开放以来，西部的区位优势和战略地位不断提升，主要表现在：一是我国向西开放的前沿阵地，亚欧大陆桥的桥头堡，在开拓欧亚市场中占有重要地位；二是多民族聚居的边缘地域，关乎民族团结、边疆稳固和国家统一的政治大局；三是位于我国大江大河源头及上游，特殊地理位置和地学特征、丰富的生物多样性资源使其成为一道天然的生态屏障和保障国家生态安全的战略要地；四是在国家全面脱贫和全面建成小康社会的战略实践中处于关键区域，也是难点和重点区域，可以说，没有西部的小康，就难有全面小康社会的实现。五是"新丝绸之路"经济带建设的主战场，对"一带一路"战略的落地生根、开花结果负有重要使命。

（二）西部地区面临的问题与挑战

1. 产业结构水平较低，传统产业比较优势趋于下降。西部地区的产业结构与西部资源结构结合较为紧密，但总体水平较低，尚未走出能源、原材料产业为主导的工业化初级阶段。产业结构表现出明显的"二三一"比例特征：第一产业所占比重较大，明显高于东部和全国平均水平；第二产业明显滞后；第三产业比重略高于全国平均水平，但与东部地区相比依然十分薄弱。同时，在开放性的经济格局下，西部地区传统产业比较优势趋于下降。近年来，西部的粮食、油料、糖料、棉花四大传统作物在国际市场上已不具备比较优势，使比较优势呈下降趋势；即使就多数资源开发型的第二产业也不再具备比较优势，只有劳动密集型的旅游业具有较强的比较优势。

2. 国家区域战略目标实现的任务艰巨。首先，西部大开发中国家与西部地方目标在行动上存在错位。西部开发战略的国家目标依次是：生态环境建设—基础设施建设—产业结构调整—扩大对外开放—加强科技教育；但是地方在与中央的利益博弈过程中，却往往把加快资源开发、经济发展和缩小与东部地区经济发展差距作为首要目标，而把生态环境建设放在相对次要位置，致使行动上很难与国家目标达成一致。原因在于：实现西部大开发和实现国家区域发展战略目标需要协调好国家、地区和个人的利益关系。西部生态环境保护以及将西部作为国家重要的能源、原材料生产和储备基地等举措，无疑符合国家利益，但却在一定程度上与西部地区的脱贫致富目标相抵触。因此，如何协调好国家、地方和个人之间的利益，是西部开发过程中面临的一大难题。

其次，地区差距不断扩大，由量变转化为质变，必须从政治和战略的高度予以重视。目前东、中、西部地区相对差距缩小，绝对差距继续扩大，已经从改革开放之初的增长速度差距转变为产业结构层次的差距，区域间竞争能力的格局也基本形成。东部地区已经具备较强的经济增长活力，未来很长一段时期内都将是我国经济发展的重点地区。即使国家向西部大规模投入，也难以实现经济增长战略地带性转移和显著缩小西部与东部地区绝对差距的目标。同时，西部大开发战略的实施，虽然为缩小东西差距确立了有效途径，但仍面临地区差距扩大—生态环境恶化与加快发展—改善生态的双重挑战。因此，东西部的经济发展水平差距将长期存在，国家区域协调发展战略目标任务落实艰巨。

3. 西部面临严峻的生态环境问题。严峻的生态环境问题是西部开发的重大挑战之一，主要表现在四个方面。一是自然条件恶劣，生态环境脆弱，总体趋于恶化，严重制约社会经济发展。西北的主要症结在于干旱，水资源短缺；西南的问题在于喀斯特地貌和多山地形，水土流失严重。据统计，西部地区水土流失面积占全国的80%，沙化面积占全国的99%，草原"三化"面积（退化、沙化、盐碱化）占全国的93.2%，大于25度坡耕地占全国的70%，石漠化面积占全国绝大部分；生态环境脆弱度指数计算表明，西部绝大部分省区处于生态环境脆弱区，其中宁夏、西藏、青海、甘肃和贵州是全国生态最脆弱的五个省区。二是生态危机严重，生态系统处于恶性循环状态。干旱区地下水位下降，部分江河断流，湖泊干枯，缺水严重，自然灾害增多；超载过牧，草场退化，鼠害肆虐，载畜能力降低；土地沙化，水土流失，荒漠化面积逐年增多，沙尘暴、泥石流等自然灾害频繁，灾害损失严重。三是重化工业城市和矿业城市环境污染严重。西部资源密集型工业结构和以煤为主的能源消费结构，较低技术水平下粗放的经济增长方式，使生态破坏和环境污染的情况十分突出。四是水资源短缺是制约西部地区可持续发展的关键因素之一。西部地区水土资源总量和人均量丰富，但空间分布极不平衡，水土资源匹配较差；西南相对人多地少、水资源丰富，水田多旱地较少，水土资源相对匹配较好；西北人少、水少、地多，旱地多水田少，水土资源匹配差，缺水是西部地区区域发展的重大障碍。

三、西部地区的城镇化发展状况

（一）西部地区的城镇化历程

同其他地区的城镇化历程相比，西部地区城镇化大体经历了以下几个发展阶段：

第一阶段："一五"时期（1949～1957年）。在优先发展重工业和区域均衡发展等思想的指导下，西部地区呈现出以工矿业发展为城镇发展主要推动力的特点，城镇数量增长较快。"一五"期间，以苏联援助的156个工业建设项目为重点，推动了西部地区的工业化和城镇化进程，出现了一批依托工矿业发展起来的新型城市，使西部地区城市数量和非农人口不断增加。从1949年到1952年，西部地区的城市数量从13个增加到32个；从1949年到1957年，非农业人口从281.80万人增加到737.76万人，年均增长12.8%。

第二阶段：经济调整时期（1958～1965年）。由于"大跃进"时期不合理的经济建设政策，这一阶段西部地区的城镇化呈现出大起大落的特点，造成工业化与城镇化进程出现曲折徘徊的局面。首先是以大办钢铁为主的全面工业建设，带来了城镇数量和人口的快速增长，接着又由于远超国力的工业建设项目的下马，又使城市数量和人口急剧减少。1957年时城市数量为30个，1960年已增加到44个，到1965年时又减少为31个，经过近8年的反复，实际只增加4个城市。城市市区非农业人口，从1957年的737.76万人快速增加至1961年的958.09万人，随后降至1965年的947.56万人，8年年均增长3.2%，远低于第一阶段。

第三阶段："文革"时期（1966～1976年）。这一时期，"三线"建设进入高峰，城镇建设体系却变得恶化：城市规划和建设机构被完全取消，城市建设陷入混乱。虽然"三线"建设在一定程度上奠定了西部的工业基础，但由于过多强调工业"靠山、分散、进洞"的分散布局原则，许多工业项目远离城镇，难以产生效益，也未能有效地带动城镇化进程。10年时间，西部地区的城市数量，从1965年的32座增加到1976年的38座，只增加了6座；城镇非农业人口，从1965年的947.56万人增加到1975年的1148.38万人，年均增长1.9%，增长率极低。

第四阶段：改革开放时期（1978～1999年）。西部城镇化经过恢复性增长后，开始逐步进入合理增长轨道。但由于国家对东部地区的优先扶持力度和西部农村剩余劳动力的大规模流向东部，弱化了西部地区的城镇化水平增长，但城市数量还是从1978年的40座增加到1999年的120座，净增80座，年均增加近4座，城市增速大大提高；西部地区的非农业人口，也从1978年的1303.84万人增加到1998年的3233.63万人，年均增长4.6%。

第五阶段：西部大开发以来（2000年至今）。国家西部大开发战略提出和实施以后，西部地区开始得到更多的政策及投资支持，促使城镇化水平得到大幅度提高，城市数量由1999年的120座增加到了2011年的169座，增加了49座；西部地区的非农业人口，也由1998年的3233.63万人，增加到2010年的5163.20万人，年均增长4.0%。

（二）西部地区城镇化发展中存在的问题

西部地区的城镇化虽然取得了较快发展，但与东部相比，由于基础较弱、起步较晚，还存在如下几方面的突出问题：

1. 城镇等级结构不均衡，不同规模城市发展不协调。同东部地区相比，西部地区的城镇等级体系结构不均衡，大中小城市发展不协调。以四川省为例，根据《中国城市统计年鉴》对城市的分类，按市区非农人口数量将城市分为五个等次，以下是目前四川32个设市城市的等次分布：四川省的城镇体系结构为1座中心超大城市（人口200万以上），4座大城市（人口50万～100万），12座中等城市（人口20万～50万），15座小城市（人口20万以下）。一般来说，合理的城镇等级结构有利于城市间的合理分工与协作，从而促进区域城镇化的健康发展，但从四川省目前的城市结构分布来看，省会城市成都"一城独大"的情况较为严重，明显缺乏100万～200万人口的特大城市，造成城市等级结构严重缺位，无法形成合理的"梯度"分布格局，既弱化了中心超大城市与众多小城镇之间的"传导"作用，也阻碍了大中城市之间的分工与合作，还易引发中心超大城市产生"城市病"，不利于城镇化的整体推进和城市群联动效应的提升。

四川如此，西部其他省区也都程度不同地存在着中心超大城市盲目扩张引发的一系列问题：如城市群格局和功能问题，城镇占用优质耕地问题，失地农民问题和日益严重的生态环境问题等。同时，西部地区一些省区的城市首位度过高，城市极化效应过于明显，大城市吸收和集聚了过多资源，阻碍了中小城市和小城镇的发展。加之一些地方政府财力不足，难以大力投资基础设施，而这些地方一般又工业基础薄弱、支柱产业少、城镇化相对落后，导致一些中小城市出现了"越穷越难投资，越不投资越穷"的恶性循环。

2. 城市承载力有限，富余劳动力流出多。西部地区国土面积占全国总面积的70%以上，人口仅占全国总人口的30%，且呈现出城市密度低但城市人口密度高的特点。由于城市数量有限、中小城市多，特大和大城市少，有限的城市承载力限制了农民就地城镇化的可能，致使西部广大的农村地区、少数民族地区和偏远地区的富余劳动力无法在本土进城就业或创业，转而大量流入东部发达地区，既影响了西部劳动力集聚优势的发挥，也影响了产业的发展。

3. 财税制度不合理阻碍西部城镇化发展。在西部地区，财税制度不合理主要表现在以下几个方面：一是地方政府事权与财权不对等。由于现行财政体制的事权与财权不对应，基层城镇事权虽大却没有相应的地方税立法权，也缺乏独立税源，加上国家转移支付制度不完善，致使基层城镇难以获得稳定的财政资金，有限的收入难以支撑城镇建设和公共服务的需要，也就限制了城镇化的快速发展。二是城乡分割的就业体系。城乡分离的"二元化"就业管理体系，导致了工业化与城镇化的不协调，没有实现"两化互动"的格局，进一步加剧了西部地区的城乡分离状况。三是城镇基础设施投入体制不完善。西部地区的大多数城镇一直没有建立起与城镇化快速发展相协调的基础设施资金投入体制，建设资金存在"政策依赖症"，也容易产生"寻租现象"，诸要素叠加阻扰了城镇化的步伐。

4. 城乡二元结构矛盾凸显，逆城镇化现象出现。户籍制度与城镇化的矛盾由来已久，原有的户籍制度极大地阻碍了西部地区城镇化的进展。尤其是城乡二元制度，人为地隔断了城镇化与工业化的有效互动，削弱了城镇的自我调节与控制功能，进而导致西部城镇化发展进度缓慢。同时，城乡二元制度无法使城镇有效吸收农村劳动力，将农民转化为市民，反而是不断向农村、向土地转移人口压力，将市民退转为农民，形成了一套逆城镇化的制度体制，既阻碍了城市发展，也使农村生产要素合理流动被隔断，进而制约了农村和农业的发展。

5. 特色城市文化缺失，千城一面现象严重。特色文化传统是一个地区历史的深厚积淀，支配着一定区域人群的精神取向，承载着当地居民的独特品性，构成一定地域的文化记忆识别符号。一个区域的城镇结构、布局、建筑风格以及居民个人的语言、服饰、饮食、性格及精神风貌是特色文化传统的重要组成部分，也是人们感受和传承传统文化的环境，城镇化建设理所应当突出和强化这些特色文化与传统，并将它们打造为区别于其他城市的独特名片。可在实际上，不知基于何种原因，西部地区的一些省、市、县在城镇化过程中一味求大求快，忽视了城市特色文化传统的提炼和演绎，导致在"造城运动"中新建起来的城市与其他城市毫无差别，形成"千城一面"的局面，既影响了城市特色文化的传承，也忽视了城市差别化魅力的展现。

6. 民族地区城镇化的特殊性。西部地区是多民族地区，民族地区特有的民族风俗习惯决定了城镇化建设不仅要考虑一般城镇化问题，还要考虑民族审美取向、民族文化、区域文化、城镇特色等问题。由于少数民族居住地区多为高山、草原、沙漠等地理条件较为复杂的地区和偏远地区，存在着地区人口密度小、分布分散化、建制镇数量少、城镇基础体系发育滞后，经济发展基础薄弱，工业化难度相对较大等特点，加之人口呈现小镇化的特征，即城镇人口的空间聚集多以县城类建制镇为主要载体，以非县城建制镇为辅助载体，加之缺少大中城市作转移支撑和引导，使民族地区的城镇化成为城镇化的难点问题。

总之，西部地区在城镇化建设中不仅要破解城镇化的一般难题，还要应对一些特殊因素造成的特殊问题，才能促进城镇化走上一条可持续的健康发展之路。

（三）西部地区城镇化面临的挑战

在推进城镇化过程中，西部地区由于存在着自然环境等方面的约束，面临着诸多挑战，主要是：

1. 城镇化边缘区位劣势明显。西部地区处于内陆腹地与边陲，平均海拔高，82.9% 的地区平均海拔高度超过 1000 米，地貌类型多以高原、沙漠、戈壁地带为主，有待开发的面积大，有利于城镇化发展用地的空间较小。

2. 城镇密度低，城镇分布不均衡。与东部和中部地区相比，西部地区的城镇密度较低，仅为 10.24%，约为东部的 1/5，且各省发展差异大，分布不很不平衡。如青海、新疆的城镇密度均不及 2%，而四川盆地周边地区的城镇密度已接近东部地区水平。

3. 自然环境约束突出。西部地区城镇化的生态环境较差。资料显示，2013 年，我国水土流失总面积为 360 万平方公里，其中西部地区占 80%；每年新增荒漠化面积 2400 平方公里，其中 90% 以上在西部；70% 以上的突发性地质灾害也主要发生在西部。可以说，自然环境已经成为西部地区城镇化水平提高的重要制约因素。

4. 城镇化内源发展动力缺乏。西部地区耕作条件差，作为城市化发展主要内源动力的农业与农村发展比较落后。农业生产条件的劣势限制了土地资源的深度开发利用，也制约了城镇化水平的提高。虽然西部耕地占全国的

24%，但宜农耕地仅占耕地总面积的 7%。

5. 城镇发展能耗大。从 2010～2014 年的经验数据看，西部地区城镇化率每提高 1%，煤炭能源的消耗就增加 5000 万吨，二氧化硫的排放量增加 20 万吨。2010 年，西部地区万元 GDP 能耗高达 2 吨标准煤，万元工业增加值能耗达 3 吨标准煤，分别比全国平均水平高 41% 和 47%。

（四）西部地区的城镇化特征

2012 年西部地区城镇人口总计为 1.62 亿人，城镇化率为 44.7%，城镇化呈现出以下特征：

1. 城镇化速度加快且与东部差距有所缩小。2000～2012 年间，西部地区城镇化水平提高了 16 个百分点，年均为 1.33 个百分点，其中 2000～2005 年城镇化率年均提高 1.17 个百分点，2006～2012 年提高 1.50 个百分点，表明 2005 年后城镇化发展呈现加快态势，且与东部地区的差距略有缩小。

2. 城镇化水平北高南低、速度南快北慢。西部地区内部城镇化水平总体呈现北高南低的态势。2012 年西北地区城镇化水平为 48%，比西南地区高出 5 个百分点；但此前的发展速度刚好相反，2000～2012 年西南地区城镇化率提高了 16.4 个百分点，高于西北地区 15.1 个百分点的水平，表现出南北之间城镇化率差距下降的态势。

3. 人口到区外务工促进了城镇化率提高。西部地区每年都有大量农民工到东部等其他地区务工，农业剩余劳动力向区外的转移使得西部地区常住人口数量下降，并由此间接地提高了城镇化率。根据第六次人口普查数据推算，西部地区常住人口与户籍人口之差约为 3000 万，其中相当部分的人口为到区外务工的农村剩余劳动力。如果将这些人口计入西部地区人口中，则 2010 年西部地区城镇化率比现有统计水平下降 3.3 个百分点，这表明大量流入到省外务工的人口使得西部地区城镇化率提高了 3.3 个百分点。

4. 西部特色元素推动了城镇化发展。一些具有西部地域特色的元素成为城镇化的推动力量。一是能矿资源开发，特别是具有国家战略意义的能矿开发基地建设，带动了西部地区新兴资源型城市的发展。二是沿边开发开放带动了沿边城镇发展。20 世纪 90 年代云南瑞丽等边境口岸设市是沿边开发开放的重要手段，2012 年新疆阿拉山口设市则是新时期国家向西开放战略的落实。三是一些生态脆弱地区已开始实施生态移民与城镇化相结合的政策，促进了农牧民向城镇转移聚居。四是兵团建设和管理体制改革，使新疆生产建设兵团向"师市合一"管理体制发生转变，由此加快了兵团所在地城镇化发展。

（五）推进西部地区城镇化面临的主要矛盾

1. 农业转移人口规模增加与城镇就业吸纳能力较弱的矛盾。国家统计局关于农民工监测的调查报告表明，2012 年，在西部地区务工的农民工为 4479 万人，占全国农民工总量的 17.1%，比 2008 年提高 1.4 个百分点，同时在区内就业的农民工占比上升了 6.4 个百分点，说明更多的农民工选择在本地务工，这对本地城镇就业吸纳能力提出了更高要求。城镇就业吸纳能力主要取决于非农产业就业弹性系数，但对比西部和东部地区非农产业就业弹性系数可以发现，2000 年以来西部地区第二和第三产业的就业弹性系数均低于东部。在西部地区工业发展较快的 2005～2010 年间，非农产业就业弹性系数不仅仍低于东部而且由 0.59 下降为 0.51。产生这种状况的原因在于西部地区的工业主要以资源开发及加工型行业为主，而这些行业多为资本密集型产业，对增加就业的带动能力相对较小。

2. 城镇化进程与各地城镇化水平不平衡的矛盾。西部地区城镇化进程的加快有赖于各地城镇化率的提升，但西部不同地区间城镇化率差距十分明显。从省区层面看，2012 年西北六省区中内蒙古、宁夏和陕西城镇化都超过了 50%，西南地区云南、贵州和西藏均低于 40%；2012 年城镇化率最高的内蒙古（57.7%）与最低的西藏（22.8%）之间相差近 35 个百分点。在各省区内，贫困地区与经济相对发达地区，山区与平原和河谷地区之间的城镇化水平也有明显差距。例如，云南以昆明为中心的滇中地区与滇北和滇南地区、重庆主城区与三峡库区、四川成都平原与川北地区、新疆天山北坡地区和南疆三地州之间的城镇化率相差 20 个百分点以上。

3. 低碳绿色发展要求与城镇化发展现状的矛盾。将生态文明理念融入城镇化过程，推进城镇化步入低碳绿色化进程是新型城镇化建设的重要取向。研究表明，在城镇化加快发展的过程中，工业化推动工业份额上升和居民消费水平提高，也使碳排放量增加。一般来说，以高能耗产业为主、城市布局松散的城市，相对于低能耗产业发达、城市空间形态紧凑的城市，碳排放量相对较高。就西部地区而言，城镇化水平虽总体上滞后，但近年来发展速度较快，正处于加快发展阶段，而且产业结构中高能耗产业所占比重高，绿色低碳发展压力大。有资料显示，西部地区碳排放强度即创造单位国内生产总值所排放的二氧化碳量较高，其中，内蒙古、陕西、新疆、四川和贵州均为高排放地区。

四、西部地区建设生态化城镇的必要性

（一）西部地区建设生态化城镇的动因

1. 新型城镇化的内在要求。新型城镇化的基本含义：所谓新型城镇化是以城乡统筹、城乡一体、产城互动、节约集约、生态宜居、和谐发展为基本特征的城镇化，是大中小城市、小城镇、新型农村社区协调发展，互动促进的城镇化。新型城镇化的核心在于不以牺牲农业和粮食、生产和环境为代价，而是坚持以人为本，以新型工业化为动力，以统筹兼顾为原则，推动城市现代化、集约化、生态化、农村城镇化，并以提升城市文化和公共服务为中心的城镇化建设道路。

新型城镇化的主要内涵：一是新型城镇化的核心城镇化。城即城市，镇即城镇。城镇化，不是单纯的城市扩张和城镇扩充，而是以城乡一体化为背景，以新型农村建设为前提和基础的农村城镇化，从而使城市、城镇及农村功能互补、结构更趋合理的新型城镇化，它是我国特定历史阶段、特定空间发展的必然结果。二是新型城镇化的重点是城乡统筹。城市要发展，农村更要发展；工业要发展，农业更要发展，工业要反哺农业，要以工业化、信息化推动农业现代化，从而带动城市与农村、工业与农业共同发展、互动发展，相得益彰。三是新型城镇化的特征是节约集约、生态宜居。新型城镇化建设不是圈地运动，不是人为造城，更不是新城镇建设，特别是在当前耕地紧张、资源瓶颈，许多地方出现"鬼城空城"的前提下，不能人为地赶农民上楼，不能以牺牲农业和粮食、生态和环境为代价，而是要依托和挖掘当地资源，通过就地城镇化、集中城镇化、提升城镇化（改造提升现有小城镇）等多种方式，建设舒心、自然、宜居、特色的新型城镇。说到底，这里的"新"是指要由过去片面注重追求城市规模扩大、空间扩张，转变为以提升城镇的文化、公共服务等内涵为中心，真正使城镇成为具有较高品质的适宜人居之所。四是新型城镇化的支撑在于产业。无论哪一项政策，目的就是让老百姓得到

实惠，而其中的关键在于产业支撑。如果没有产业支撑，新型城镇化建设就是空壳和形式，目的根本无法实现。五是新型城镇化的目的是发展。发展就是螺旋式上升，波浪式前进，发展的核心是让人民群众受益。

新型城镇化的基本特征：第一，新型城镇化是城镇化与工业化的统一。世界现代化历程表明，工业化与城市化密切相关。从二者的逻辑关系看，工业化是内容，城镇化是形式，内容决定形式，内容和形式不可分割。在我国，作为内容的工业化已经由传统工业化向新型工业化演进，那么作为形式的城镇化也应向新型城镇化发展。从二者相互作用的角度看，工业化是城镇化的基本动力，城镇化是工业化的主要载体。工业化和城镇化的良性互动和融合，不仅可以改善西部地区城镇化滞后于工业化的结构性偏差，而且可以提升工业化和城镇化的整体水平，这正是新型城镇化的基本特征。第二，新型城镇化是农村与城镇的统一。首先，新型城镇化通过推进信息化来消除城镇化进程中城镇与农村间在技术、信息、产品、资源供求方面的不对称。其次，新型城镇化以城乡统筹为基础，强调城市和农村经济的协调发展，实现生产要素在城市和农村地域空间的优化配置。再次，新型城镇化以城市和农村的可持续发展为目标，通过提高人口城镇化率，不仅可以降低农村人口数量，还可促进农村人口生产方式、经济活动方式的提升，并推进农业产业化向城镇延伸，城市新兴产业向乡村扩张，最终形成城乡融合的新型产业体系。第三，新型城镇化是农业与工业的统一。新型城镇化要求工业带动农业，工业反哺农业，形成科学合理的农业和工业间的专业化分工合作体系，打破传统城镇化进程中农业与工业城乡分割的二元经济结构，并通过技术创新，使创新成果在农业中得到更为广泛的应用，提高农业的创新能力和竞争能力。第四，新型城镇化是共性和个性的统一。唯物辩证法认为：任何事物都是共性和个性的统一，共性寓于个性之中，个性中包含共性。城镇化是所有实现现代化的国家的必由之路，此为共性。但是每个国家实现城镇化的道路又都必须根据本国的国情，此为个性。依据我国的基本国情和当今世界经济发展的总体趋势，选择走新型城镇化道路，就是把马克思主义普遍原理与中国的具体实践相结合，把城镇化发展的一般规律与中国走新型城镇化道路的特殊性相结合。尤其是中国人口众多、人均资源不足、城乡差距悬殊等基本国情，决定了 21 世纪的城镇化道路不能走资源消耗大、环境破坏严重、失业现象突出的传统城镇化路子，而必须要走一条统筹兼顾、资源节约、环境友好、社会和谐、科学发展的新型城镇化道路。

2. 新型城镇化蕴含的生态取向。2013 年 11 月，中共中央《关于全面深化改革若干重大问题的决定》提出，要"完善城镇化健康发展体制机制。坚持走中国特色新型城镇化道路，推进以人为核心的城镇化，推动大中小城市和小城镇协调发展、产业和城镇融合发展、促进城镇化和新农村建设协调推进，优化城市空间结构和管理格局，增强城市综合承载能力"。据此，我国在推进城镇化的过程中应当考虑低碳、绿色需求问题，要把资源节约和环境保护放在城镇化发展的重要战略地位，突出节地、节能、节水、节材意识，促进城镇化的可持续发展。

传统城镇化对新型"生态化城镇"的呼唤：城镇化是一个世界性趋势。随着社会经济的发展和人口的迅速增长，世界城市化的进程，特别是发展中国家的城市化进程不断加快，全世界目前已有一半以上人口生活在城市，预计到 2025 年，将会有 2/3 人口居住在城市。在我国，当前正处于城镇化加快发展阶段，城镇化率已由 1978 年的 17.9% 升至 2012 年的 52.6%，城镇化率每年大约提高 1 个百分点。据此速度预计，到 2020 年，我国的实际城镇化率将超过 60%；到 2030 年，我国的城镇化水平将达到 70%。在城镇化快速发展的同时，基于城乡分割的传统城镇化也带来对土地、水资源、能源需求量以及环境容量的急剧扩大，并由此产生了较为严重的城市病：诸如大气污染、水污染、噪声污染、垃圾污染、地面沉降；加上城市基础设施落后、水资源短缺、能源紧张、人口膨胀、交通拥挤、土地紧张以及城市的风景旅游资源被污染、名城特色被破坏等现象，都严重地违背了城镇建设的初衷和原定目标，也严重阻碍了城市所应有的社会、经济和环境功能的正常发挥，给人们的身心健康和生活质量改善带来很大的危害和隐患。因此，改变传统城镇发展方式，推进城镇发展模式转型，探索以低碳、循环、智能、创新为特征的新型"生态化城镇"发展道路就显得十分紧迫。

（二）生态化城镇的特性

新型"生态化城镇"的创建标准，要从生态社会，生态自然，生态经济三个方面来确定，包含生态产业、生态环境和生态文化三个方面的内容，核心是人的城镇化，是以人为本，满足人的各种物质和精神方面的需求；要创造自由、平等、公正、稳定的社会环境；要实现城市公共交通、绿化、污水处理、供水供气等设施条件明显改善，让"忧居"变"宜居"，提升城镇居民的幸福指数；要求城市实现科学、文明、理性、有序、健康发展，讲究质量和效益，适应城市可持续发展的内在要求，实现由传统的唯经济增长模式向经济、社会、生态有机融合的复合型城镇发展模式转型。

综合起来看，生态化城镇具有和谐性、高效性、持续性、整体性和区域性等方面的五个特性。

1. 持续性：坚持可持续发展，建立健全生态环境保护新体系。生态化城镇是以人—自然和谐为价值取向、以可持续发展理念为指导，兼顾不同时期和空间，合理配置资源，公平地满足现代人及后代人在发展和环境方面的需要，牢固树立保护生态环境就是保护生产力、改善生态环境就是发展生产力的理念，绝不以牺牲环境为代价换取一时的经济增长，不为眼前利益而以"掠夺"方式促进城市暂时"繁荣"，确保城市社会经济健康、持续、协调发展。

2. 和谐性：生态化城镇的和谐性，不仅仅反映在人与自然的关系上，如人与自然共生共荣，人回归自然，贴近自然，自然融于城市之中，更要体现在人与人的关系上，即要求城市能营造满足人类自身进化需求的环境，充满人情味、拥有强有力的互帮互助氛围，并以文化个性和文化魅力来净化人的灵魂，促使各阶层人群和谐生存的理想聚居地，而不是单纯用自然绿色点缀而实际上冷漠僵死的人居环境。

3. 高效性：生态化城镇一改传统工业城市"高能耗""非循环"的运行机制，提倡资源的利用率，使物尽其用，地尽其利，人尽其才，各施其能，各得其所，使物质、能量得到多层次分级利用，物流畅通有序、外出方便快捷，废弃物循环利用，社会协调高效。

4. 整体性：生态化城镇不是单单追求环境优美或自身繁荣，而是兼顾社会、经济和环境三者的效益；也不仅仅重视经济发展与生态环境协调，更强调人类生存质量的提高。

5. 区域性：生态化城镇作为城乡统一体，其本身即为一个区域概念，是建立在区域平衡之上，而且城镇之间是互相联系、相互制约、互相激励和互相促进的新型城镇。

总之，生态化城镇是经济发达、社会繁荣、人民安居乐业、生态良好、循环发展的社会生态体。

（三）西部地区建设生态化城镇的必要性

1. 生态化城镇建设的经典理论回溯。

（1）霍华德的"田园城市"理论：现代生态城市思想起源于霍华德（Edward Howard）的"田园城市"理念。霍华德的"田园城市"思想借鉴了空想社会主义者倡导的"乌托邦"式的社区和城市改革方案，同时也总结了他对当时社会状况的充分调查与思考。他在 1898 年出版的《明日：一条通向真正改革的和平道路》（*Tomorrow：A Peaceful Path to Real Reform*）一书中，集中阐述了"田园城市"的规划思想。他从社会改良的角度出发，主张建立一种集城市和乡村优点于一体的新型城市——"田园城市"。"田园城市"的人口规模很小，但足以提供丰富的社会生活，且四周有永久性农业地带围绕，城市土地归公共所有，由一委员会受托管理，必要时可以由若干个"田园城市"组合成一个城乡交融、群体组合的社会城市。"田园城市"为我们展示了城市与自然平衡的生态魅力。

（2）沙里宁的有机疏散理论：芬兰建筑师沙里宁（E. Saarinen）为缓解由于城市过分集中导致的弊病而提出了关于城市发展及其布局结构的有机疏散理论。他认为，城市与自然界的所有生物一样，都是有机的集合体，城市建设所遵循的基本原则是"有机秩序原则"。他主张将原先密集的城区分裂成一个个集镇，使它们彼此之间用保护性的绿化隔离带连接起来。同时把个人日常生活和工作的区域作集中布置；把不经常的"偶然活动"场所作分散布置。日常活动尽可能集中在一定范围内，使活动需要的交通量减少到最低程度。他认为，有机疏散城市结构既符合人类聚居的天性，便于人们过共同的社会生活，又不脱离自然，按照这种结构方式发展的城市能使人们居住在一个兼具城乡优点的环境中。

（3）岸根卓郎的城乡融合设计理论：日本学者岸根卓郎的城乡融合理论认为，21 世纪的国土规划目标应该体现一种新型的、集约了城市和乡村优点的设计思想。基本原则是创造自然与人类的信息交换场，具体规划方式是以农、林、水产业的自然系统为中心，在绿树如茵的田园上、山谷间和美丽的海滨井然有致地配置学府、文化设施、先进的产业、住宅，使自然与学术、文化、生活浑然一体，形成一个人与自然完全融合的社会。其"新国土规划"使自然、空间、人类系统综合组成为三维"立体规划"，目的在于创立在"自然—空间—人类系统"基础上的"同自然交融的社会",亦即城乡融合的社会。城乡融合设计理论对于正确认识和处理城乡关系,协调人与自然的关系,形成人地和谐可持续发展的区域具有指导意义。

（4）王如松天城合一的生态城市思想：国内著名生态学家马世骏和王如松1984年就提出,城市是典型的社会—经济—自然复合系统。在此基础上,王如松1994年进一步提出了建设"天城合一"的生态城市思想。他认为生态城市的建设要满足三大原则：一是人类生态学的满意原则；二是经济生态学的高效原则；三是自然生态学的和谐原则。为此,他还提出了生态城市建设的生态控制论原理,包括胜汰原理、生克原理、拓适原理、反馈原理、乘补原理、循环原理等,并认为生态城市调控的具体内容是调控城市生态的时、空、量和序四种表现形式。

总的看来,生态化城镇是随着人类文明的不断发展、人们对人与自然关系认识的不断升华而提出的理想人居状态。城镇是人们改造自然最彻底的人居环境综合体,它以人为主体,以自然环境为依托,以经济活动为基础。在不同的历史阶段,城镇都是人类改造自然的价值观和意志的真实体现,生态化城镇作为城镇发展的高级阶段,不仅反映了人类谋求自身发展的意愿,最重要的是它体现了人类对人与自然关系更为理性的规律性认识。

2. 西部地区建设生态化城镇的现实需要。大力提倡建设生态化城镇,既是顺应城镇演变规律的必然要求,也是推进城镇可持续快速健康发展的需要。

（1）建设生态化城镇是资源节约型、环境友好型社会建设的需要。21世纪是生态世纪,即人类社会将从工业化社会逐步迈向生态化社会。从某种意义上讲,下一轮的国际竞争实际上是生态环境的竞争。党中央把"可持续发展"作为重大战略,在城镇建设和发展过程中,必须要贯彻实施好这一战略。在本质上,新型城镇化是在区域水平上实施可持续发展战略的一个平台和切入点,其目标就是建设生态化城镇。从一个具体的城市来说,哪个城市生态环境好,就能更好地吸引人才、资金和物资,就越易处于竞争的有利地位。因此,建设生态化城镇已成为下一轮城市竞争的焦点。近些年来,许多城市将建设"生态城市""花园城市""山水城市""绿色城市""园林城市"作为目标和发展模式,这既是现实选择,也是同生态化城镇建设的对接。

（2）建设生态城镇是解决突出环境问题的需要。多年来,中国走过了一条以出口为主带动经济高速增长的发展道路,2000年至今,总出口对我国

GDP 增长率的贡献程度一直保持在 1/3 左右，使我国一跃成为世界第一大出口国。同成就相比，低端产品"世界工厂"的发展模式在带来高速经济增长的同时，也使我国付出了巨大的资源和环境成本。全国开展酸雨监测的 494 个城市中，出现酸雨的城市 249 个，占 50.4%，其中酸雨程度严重或较重的城市有 107 个，占 21.6%。2013 年环境状况公报显示，全国地表水污染依然较重。长江、黄河、珠江、松花江、淮河、海河和辽河 7 大水系总体为轻度污染。其中长江、珠江总体水质良好，松花江、淮河为轻度污染，黄河、辽河为中度污染，海河为重度污染。湖泊（水库）富营养化问题依然突出，在监测营养状态的 26 个湖泊（水库）中，富营养化状态的占 42.3%。除此之外，大气污染形势严峻，以可吸入颗粒物（PM10）、细颗粒物（PM2.5）为特征污染物的区域性大气环境问题日益突出，严重损害人民群众身体健康，影响社会和谐稳定。随着工业化、城镇化的深入推进，能源资源消耗持续增加，大气污染防治压力继续加大。因此，如何实现城市经济社会发展与生态环境建设的协调统一，就成为国内外城市建设共同面临的一个重大理论和实际问题。

（3）建设生态化城镇是解决城市发展难题的需要。城市作为区域经济活动的中心，同时也是各种矛盾的焦点。城市的发展往往引发人口拥挤、住房紧张、交通阻塞、环境污染、生态破坏等一系列问题，这些问题都是城市经济发展与城市生态环境之间矛盾的反映，建立一个人与自然关系协调与和谐的生态型城市，有利于解决上述矛盾和问题。

（4）建设生态化城镇是提高人民生活质量的需要。随着经济的增长，城市居民的生活水平也逐步提高，对生活的追求也将从数量型转为质量型、从物质型转为精神型、从户内型转为户外型，生态休闲正在成为市民日益增长的生活需求。生态化城镇、生态城区的发展目标就是要实现人与人的和谐、人与自然的和谐、自然系统的和谐三方面的内容。其中，追求自然系统和谐、人与自然和谐是基础和条件，实现人与人和谐是生态化城镇建设的目的和根本所在，即生态城市不仅能"供养"自然，而且能满足人类自身进化、发展的需求，达到"人和"。

（四）西部地区建设生态化城镇的内在要求

1. 城市发展与生态环境的互动机制。城市发展会对生态环境产生正、负效应，生态环境状况也影响着城市发展的条件、空间及方向，二者存在着相互制约、互相作用的关系。

（1）城市发展对生态环境的胁迫效应。城市发展对生态环境的胁迫效应，是指城市发展过程中人类的生产和生活对城市生态环境带来负面影响，主要包括气候效应、污染效应、资源效应等。气候效应，主要体现在城市大气中二氧化碳等温室气体的排放过多引起的局部气候变暖，产生"热岛效应"。污染效应，包括城市人类活动产生的环境污染，如大气污染、水污染、固体废弃物污染等。随着城市经济水平和人均消费水平的提高，城市垃圾大量排放，有些城市将垃圾运送至城市郊区掩埋，有些则直接裸露堆放，据统计，目前我国有超过1/3的城市正深陷"垃圾围城"的困境。资源效应，是指城市发展进程中城市人口对自然资源，如水资源、土地资源、矿产与能源、森林等的消耗。对于西部地区的城市来说，资源性产业仍然是城市发展的支柱产业，矿产与能源资源的开发与利用是大量新城市诞生与发展的主要动力。除此之外，西部地区水资源开发利用不合理造成的城市水资源短缺、城市扩张进程中产生的对城市森林植被的破坏、对耕地资源的侵占等，都是城市发展进程中人类活动对生态环境胁迫效应的体现。

（2）生态环境对城市发展的约束效应。生态环境对城市发展的约束效应，是指生态环境状况对城市的形成、空间分布、功能分区、发展方向等方面的影响。例如，地形、气候等影响着城市的地域分布及工农业生产，自然资源决定着城市发展的物质基础及规模。在西部的一些干旱地区，水资源就决定着城市的分布及发展，例如在新疆地区，水资源是影响城镇分布的主要因素，城镇多布局在水资源充足的绿洲。自然资源的利用方式也会影响城市的发展，不合理的开发或滥用自然资源会导致年轻的城市过早走向衰老，例证就是近几年来广受关注的资源枯竭型城市在不断增加，由于半个多世纪的疯狂采挖，我国目前已有近120座资源枯竭型城市出现，如"煤竭城衰"的现象十分普遍，这给西部地区的矿产资源型城市敲响了警钟。

综上所述，城市发展与生态环境的互动机制决定了西部地区需要发展生态城市，走城市化与生态环境协调发展的城镇化道路。

2. 微观实际与宏观战略的需要。西部地区具有较为特殊的城市化困境：生态环境普遍脆弱，生态赤字严重，经济发展水平相对落后，城市经济结构不合理，城镇化率和城市发展质量较低等，都决定了西部地区城镇化需要以腹地的生态承载能力为约束条件，合理优化经济结构，走一条经济发展与生态建设并重的发展道路。就生态城市建设的内在要求看，较符合西部地区城市发展的实际：一方面，生态城市建设有助于提高城市发展质量，促进西部地区实现自然和谐、经济高效的目标，也有利于改善生态环境恶化制约西部地区经济发展的现状；另一方面，生态城市建设产生经济、社会及自然三方面的效益，有利于西部地区城市的可持续发展，提升西部地区的经济发展水平，符合国家缩小区域发展差距的战略意图。

西部地区的环境现状，要求城市走可持续发展之路：西部地区的区域经济发展大多以资源破坏和生态环境恶化为代价，一方面使农牧区和尚未开发地区的生态环境质量下降，土地退化和野生动植物资源严重减少，另一方面也由于城市主导产业通常是大耗水、高耗能、重污染的基础工业项目，城市环境污染日渐突出，例如，拉萨市的"三废"排水量占全自治区的 90% 以上。青海涅水流域的高耗能工业走廊、格尔木地区的矿区污染，都曾在工业大发展中形成著名的"污染景观"，这些都是城市经济发展与生态环境保护矛盾突出的表现，直接影响城市发展水平和质量。西部地区生态环境和城市发展的现状，要求城市发展的经济效益必须从属于生态效益，走可持续发展道路。

西部地区的民族特色，要求走生态化城镇建设道路：西部地区是我国少数民族的主要聚集地，少数民族人口和少数民族种类分别占全国的 70% 和 80% 以上。民族资源使西部地区拥有风格迥异的自然景观、源远流长的民族文化传统、深厚的文化积淀。这为西部地区发展特色生态城镇提供了条件。当前，一些地方的城市建设为追求现代化盲目新建高楼大厦，许多宝贵的民族文化遗产受到破坏。由于大量新建城镇无论在外部建筑形式上还是内部文化传承上都缺乏民族性和延续性，结果往往是一种"破坏性的建设"。因此，西部地区的城镇化建设，要提倡保护民族地区历史文化底蕴，提升城市文化资本的运作能力，走出一条突出地域特色，又符合城市发展规律的生态城镇化道路。

总之，在西部地区走生态化城镇建设道路，不仅有利于整合区域优势资源，促进生态、经济、社会协调发展，提升西部地区城镇化的整体水平，而且有利于提升和塑造西部城市的素质与形象，吸引人才、资金等的流入，加快城市经济发展，由此带动区域经济的发展，逐步缩小与中西部地区的差距，促进区域经济协调发展。

（五）西部地区生态化城镇建设面临的现实障碍

生态化城镇是一个复杂的人工耦合系统，是指在生态系统承载能力范围内运用生态经济学原理和系统工程方法去改变生产和消费方式、决策和管理方法，挖掘市域内外一切可以利用的资源潜力，从而建立起空间布局合理，基础设施完善，环境整洁优美，生活安全舒适，物质、能量、信息高效利用，经济、社会、生态三者高度和谐，人与自然互惠共生的复合生态系统。就经典理论来看，无论是霍华德的"田园城市"理论，沙里宁的有机疏散理论，岸根卓郎的城乡融合理论，还是王如松天城合一的生态城市思想，都是为了克服以往过于偏重理性的城镇规划安排，重视制度的刚性约束，把城镇化作为区域经济发展的增长极，强调经济增长中的城镇化因素。就目前西部地区的城镇发展现状看而言，走生态化城镇建设道路尚面临一系列现实障碍。

1. 经济社会发展的片面性。尽管经典理论中都有弱化城镇建设作为区域经济增长极的初衷，企图调和城镇发展与"经济、社会、人口、资源、环境、生态、生产、生活"等方面的关系。但就现实情况看，过分重视城镇化在经济社会发展过程中的工具理性作用，重视城镇数量和规模的增长而忽视质量的提高，注重城镇化过程中人口的迁徙而忽视社会、生态、资源和环境等的承载力和均衡发展；考虑到了城镇化过程中的经济增长却没有重视经济增长与社会发展的协调，进而忽视了人口的聚集效应所带来的一系列社会问题。城镇和乡村作为一种非均质的地域经济空间，它们都是人类赖以生存、活动和发展的地域实体，因而城镇化过程不仅是地域经济空间均质化的过程，更是引发西部地区经济社会结构变迁，实现新的均衡的过程。

2. 动力机制的缺失性。城镇化过程并非单纯的强制性政策安排，它是以经济发展为根本动力的一个持续过程。农业发展是城镇化的初始动力，工业发展是城镇化的基本动力，以服务业为主的第三产业发展是城镇化的后续动力，产业结构的高级化是城镇化发展的不竭动力。以此反观西部地区：农业发展总体落后、农业产业结构低端化并失调、资本市场不健全、诸多因素导致农民增收困难，生产生活观念短期内难以更新，离生态化城镇发展要求相去甚远；工业企业主要以能源、煤炭、石化、采掘、原材料和初级产品加工为主，大多属于"三高"产业，且产能落后，难以为生态建设城镇建设形成造血机制；第三产业虽有发展，但整体水平不高；加上三大产业关联度不高，内部结构不均衡，外部依赖性较强，产业结构持续高级化进程缓慢，造成城镇化发展缺乏后续动力。

3. 目标模式的模糊性。城镇化只是一个大方向，针对西部地区，走什么样的生态化城镇建设道路，没有既定的经验可以借鉴。经典理论也只是提出了一些生态化城镇建设和发展的大原则，诸如和谐性、高效性、整体性、可持续性、区域性等，但到底有哪些目标模式，在认识和实践上还是十分模糊的。其实，天下从来就没有两片相同的树叶，城镇化发展尤其是生态化城镇建设，也不可能千城一面。实际上，西部地区的城镇化发展，基本上都沿袭了发达地区的城镇化道路，很少注意到地方特色、地域特点、民族风情、文脉传承、文化差异，导致城镇化过程同时也在建设性破坏，同质化倾向十分严重。因此可以说，城镇化道路本来就是一个异质性很强的过程，而西部地区的地域特点更加适合走异质化城镇发展道路。

4. 生态环境的阻滞性。生态化城镇建设的前提是生态环境良性发展，就经典理论和生态城镇的概念来看，其依据的基础是区域内生态资源系统的承载力。从西部地区来看，经济发展方式长期粗放、生产生活模式传统、生态观念淡漠、生态消费过度且补偿机制不健全、生态环境总体持续恶化，导致生态系统的稳定性极差且各项指标均不乐观。研究表明，我国生态环境处于强度脆弱和极强脆弱状态的 15 个省份中，仅有 5 个在中部，其余 10 个全属于西部。西部地区要在这样的生态系统基础上建设生态化城镇，不仅要保证现有生态系统不被造成建设性破坏，还要使既有生态环境系统得到修复和改善，其生态环境基础的阻滞性之大不难想象。

第五章 西部地区生态化城镇建设的主要内容

西部地区较为脆弱的生态系统以及经济、社会发展中造成的环境恶化，使得城镇化建设面临许多制约和挑战，它们促使西部地区必须要走出一条特殊的城镇化发展道路。生态化城镇建设理念的提出和国内外建设实践经验的积累，为西部地区城镇化发展模式创新和选择提供了可借鉴的经验。西部地区的生态城镇建设，需要从西部区域实际出发，确定发展目标及原则，充分利用其地理位置特殊、资源丰富、民族众多等优势，探索出适合西部区情的城镇化建设模式。

一、西部地区生态化城镇的建设目标及原则

西部地区生态城镇建设需要遵循经济发展规律和生态规律，以改善生态环境、提升城镇发展质量、改善人民生活水平，促进经济、社会、自然和谐发展为目标，实现西部地区经济效益、社会效益与生态效益的协调统一。

（一）建设目标

2007 年，环保部颁布《生态县、生态市、生态省建设指标》，明确界定生态市是社会经济和生态环境协调发展，各个领域基本符合可持续发展要求的地市级行政区域。其主要标志是：生态环境良好并不断趋向更高水平的平衡，环境污染基本消除，自然资源得到有效保护和合理利用；稳定可靠的生态安全保障体系基本形成；环境保护法律、法规、制度得到有效的贯彻执行；以循环经济为特色的社会经济加速发展；人与自然和谐共处，生态文化有长足发展；城市、乡村环境整洁优美，人民生活水平全面提高。

结合生态市的主要标志，依据西部地区城市发展及生态环境实际，西部

地区生态化城镇的建设目标是：保护并高效率利用一切自然资源与能源，合理优化产业结构，推行清洁生产和绿色消费，实现自然资源的良性循环利用；完善城市基础设施建设，提升城市发展质量和居民的生活质量；注重城市居民生态意识的提高和社会环境道德观的塑造，引导城市居民树立保护生态环境的观念和可持续发展意识；发挥西部地区民族众多、民族文化丰富的优势，保存并弘扬优秀民族文化，构建具有文化特色的城市，促进各民族的进步与发展及民族间的和谐与共荣；最终实现经济发展高效繁荣、社会文明公正和谐、生态环境优美洁净的整体目标。

（二）建设原则

1. 生态文明是城镇建设灵魂的价值取向原则。城镇的生态包括城镇生物和环境演化的自然生态、城镇生产和消费代谢的经济生态、城镇社会和文化行为的人类生态、城镇结构与功能调控的系统生态四层耦合关系，而不仅仅指回归自然或城镇生物生境的简单平衡。和谐的城镇生态关系包括城镇人类活动与自然环境之间的服务、协调、响应和建设关系。生态文明是人与自然生态关系的具体表现，它以可持续发展为特征，以知识经济和生态技术为标志，是在农业文明、工业文明基础上发展起来的集竞生、共生、再生、自生机制于一体的高级文明形态，展现一种天人合一的生态风尚。它既可分为物质文明、精神文明和政治文明，也可分为体制文明、认知文明、物态文明和心态文明，涵盖着人类对天人关系的认知、生产方式的组织、人类行为的规范、社会关系的调控等方面的内容，具有重要内涵。将生态文明作为生态化城镇建设灵魂的价值取向，可以较好地推进城镇生态基础设施和城镇循环再生功能的渐进完善，推动自然生态和社区人文生态服务功能的渐进熟化，促进自然生态系统和物理环境的正向演化、经济增长方式和产业结构的功能性转型以及社会生活方式和管理体制的文明进化。其中，生活方式和管理体制的文明进化包括推进人类决策方式从线性思维向系统思维转变，管理体制从条块分割向区域统筹、城乡统筹、人与自然统筹、社会与经济统筹以及内涵与外延统筹等方向演化；从单一功能的基础设施、居住社区和产业园区向各类服务功能完善的成熟社区演化；生活方式从以金钱为中心的富裕生活向以健康为中心的和谐生活、从以数量多为目标的占有型消费向以功效优化为目标的适宜型消费、从以外显为中心的摩登消费向以内需为中心的科学消费、从以利己为中心的物理型关爱向以爱他为中心的生态型关爱演化等。

2. 生态建设与经济社会发展相适应的原则。一方面，就西部地区而言，由于地域广阔、地区差异显著，生态环境多样，不同地区应结合当地的自然条件、社会历史条件及经济发展阶段，因地制宜地进行生态城镇建设；另一方面，就城市个体而言，在生态化城镇建设过程中，应正确处理资源开发与环境保护之间的关系，将环境容量和生态环境承载力作为经济社会发展的约束条件，坚持在保护中发展、在发展中保护，不以牺牲生态环境为代价换取短期经济社会发展，也不能为保护生态环境而牺牲经济发展，这个度的把握应在实践中逐步确立和验证。

3. 生态建设与综合发展相结合的原则。西部地区经济发展较为落后，支持生态城镇建设的资金、人力、物力有限，因此，应将生态城镇建设与环境保护、产业结构升级转型、扶贫攻坚等结合起来，注重政策的综合效应发挥。一方面可以使有限的财力、人力、物力发挥最大限度的效益；另一方面可促使生态化城镇建设与环境保护、经济发展、群众脱贫致富等区域发展目标相结合，真正实现西部地区的可持续发展。

4. 以人为本的原则。城镇是由人来规划建设和维护的生存空间，生态城镇实质上就是一个人工生态系统，以人对自然、空间、社会、环境等各种资源的需求作为城镇建设的出发点与落脚点。因此，生态化城镇建设需要从人的需求出发，充分考虑和满足居民对物质、精神和环境的需求。基于西部地区少数民族较多的实际，生态化城镇建设特别要关注少数民族的利益，既要改善其经济社会发展水平落后的现状，提高生活质量；又要保护优秀的民族传统文化，使城镇真正成为自然和谐、社会公平和经济高效的复合系统，更要成为民族特色突出，自然与人协调、人与人和谐的理想人居环境。

5. 政府主导，企业、公众参与的原则。在生态化城镇建设过程中，既要政府主导，从城镇规划、政策引导、资金投入、建设监管等方面发挥关键作用，又要积极鼓励和引导企业和公众参与，明确企业和公众作为城镇建设者和最终受益者的角色定位，充分激发他们的创造力，保证政府的建设措施真正落实。

6. 城镇管理全社会参与的原则。城市管理的生态内涵有三个层面：一是作为管理工具的生态学理念、方法和技术，包括生态动力学、生态控制论和生态系统学；二是作为管理主体的人与环境（物理、化学、生物、经济、社会、文化）间的共轭生态关系（生产、流通、消费、还原、调控）；三是作为管理客体的各类生态因子（水、土、气、生、矿）和生态系统（如森林、草原、湿地、农田、海洋、河流等）的功能状态。

生态城镇区别于传统城镇的主要特点在于其竞生、共生、再生、自生机制的生态耦合，在于其从链到网、从物到人、从优到适、从量到序的生态管理方法转型。生态城镇建设需要通过生态规划、生态工程、生态管理、生态教育和生态监督等科学手段系统推进。

生态管理也不同于传统的环境管理，它不是着眼于单个环境因子和环境问题的管理，而是更强调整合性、共轭性、进化性和自组织性之间的协调。因此，城镇管理需要自上而下与自下而上两种方式的结合与全社会的积极参与，以形成政府主导、科技催化、企业兴办、公众参与和社会监督的生态城镇管理机制。

7. 生态教育融入城镇建设的原则。生态教育是生态城镇能力建设的重要手段，需从观念更新认识到位、体制革新合纵连横、技术创新催化孵化、管理维新动态监控等多方面提高决策管理人员、生产经营人员、科学技术人员和城乡居民的生态意识，启迪官、产、研、民去认识生态建设重要性，催化其自觉运用生态工程手段去规划、建设和管理城镇，宣传城镇可持续发展的必要性。生态教育融入城镇建设的行动路线包括制订生态城镇发展纲要、强化生态城镇体制建设、实施生态城镇建设工程、强化生态城镇宣教能力，推广生态城镇文明地图、编绘建设进程演进图谱，展示建设成果等。

总之，建设生态化城镇是一个长期、艰巨的历史任务和走向可持续发展的渐进过程，是一场技术、体制、文化领域的社会变革，需要从强化并完善生态规划、活化整合生态资产、孵化诱导生态产业、提升生态文化品位、统筹兼顾生态关系等方面分步实施，典型示范滚动推进。

二、西部地区生态化城镇建设的重点

西部地区生态城镇建设的重点包括生态基础设施建设、生态人居环境建设、生态城镇代谢网络建设和城镇生态文明能力建设。

（一）生态基础设施建设

生态基础设施包括流域汇水系统和城镇排水系统、区域能源供给和光热耗散系统、城镇土壤活力和土地渗滤系统、城镇生态服务和生物多样性网络、城镇物质代谢和静脉循环系统、区域大气流场和下垫面生态格局等。生态基础设施建设的目标是维持这些系统结构功能的完整性及生态活力，强化水、土、气、生、矿五大生态要素的支撑能力。生态基础设施建设效果可以用以下指标进行衡量或测度。

1. 生态用水占用率：指城镇生产、生活用水量占维持本土自然生态系统基本功能所需要的常年平均水资源量的比例，一般应低于35%。

2. 生态服务用地率：指建成区内城市农业、林业、绿地、湿地及自然保护地面积与城市建设用地面积之比。生态服务用地面积一般应不小于建设用地的两倍。

3. 生态能源利用率：地热、太阳能、风能、生物质能等可再生能源利用率一般不低于10%，强热岛效应地区（温差超过2℃）面积，一般不超过10%。

4. 生态安全保障率：本地物种比例一般不低于65%、景观多样性逐年提高、灾害发生频率逐年下降。

（二）生态人居环境建设

城镇人居和产业环境的适宜性取决于社区或园区环境的肺（绿地）、肾（湿地）、皮（地表及立体表面）、口（主要排污口）和脉（山形水系、交通主动脉等）的结构和功能的完好性。在2009年伊斯坦布尔召开的第八届国际生态城市大会上，与会代表倡导制订一套生态城市人居环境建设标准。之后，学者根据国内外相关研究成果和建设经验提出以下标准：

1. 紧凑的空间格局：从地面向空中和地下空间发展，注重街道及地下空间的立体开发，倡导6～10层互动型居住小区，层数过低土地利用不经济，过高社会效益和环境效益不好，社区人口密度不低于1万人/平方米。

2. 凸显城市主动脉：新城和产业园沿轻轨和大容量快速公交主动脉呈糖葫芦串型布局并与主城区相连，各组团间由绿地、湿地、城市农田、城市林地等生态服务用地隔开。生态交通网络覆盖人口超过城市人口的80%，从主动脉上任何一站乘快速直达公交到城市中心不超过半小时。

3. 宽松的红绿边缘：破解"摊大饼"的城市格局，每个居住小区的绿缘要尽可能长，居民步行到最近的大片绿地时间不超过10分钟。

4. 健全的肾肺生态：城市开旷地表100%可渗水透绿，屋顶和立面绿化，下沉式绿地兼湿地功能，湿地兼生态给排水功能；城区人均生态服务用地面积不小于30平方米，其中人均湿地面积不小于3平方米。

5. 混合功能就近上班：居住、工商、行政和生态服务功能混合，1/3以上职工能就近上班，从居住点到工作地点乘公交车正常情况下不超过30分钟。

6. 便民生态公交：居民高峰期出行80%以上借助公交、轻轨或自行车，城市任何一点步行到最近公交站点不超过10分钟。

7. 生态建筑比例：新建社区生态建筑占70%，与传统建筑相比生态建筑节能60%，碳减排50%，化石能源消耗减少15%～30%。

8. 彰显生态标识：通过标志性建筑、雕塑、生物和文化景观凸显当地自然生态以及人文生态特征、文脉和肌理，生态标识满意度高于80%。

9. 生态游憩廊道：在汽车和轻轨交通网络外为市民和游客提供无断点出行、游览观光及生态服务的游憩绿道，包括自行车＋步道网络，休闲驿站及人文服务设施、生物绿篱和缓冲廊道。人均生态游憩廊道面积应不低于5平方米，生态游憩绿道能覆盖和连接市域内每一个社区、乡村和景点。

10. 民风淳朴邻里交融：社区和睦、治安良好、文体设施与场所健全，2/3以上居民能天天见面、周周交流。

（三）城镇生态代谢网络建设

城镇生态代谢网络是一类以高强度能流、物流、信息流、资金流、人口流为特征，不断进行新陈代谢，具备生产、流通、消费、还原、调控等多种功能，经历着孕育、发展、繁荣、熟化、衰落、复兴等演化历程的自组织和自调节系统。可以用以下指标来衡量其生态经济效率和环境影响。

1. 城镇生态足迹：指维持城市基本消费水平并能消解其产生的废物所需要的土地面积的总量。通过提高自然资源单位面积的产量，高效利用现有资源存量以及改变人们的生产和生活消费方式可以减小城市的生态足迹。

2. 城镇生态服务能力：指生态系统为维持城市社会的生产、消费、流通、还原和调控活动而提供有形或无形的自然产品、环境资源和生态公益的能力。其核算框架包括空间测度、时间测度、当量测度、格局测度和序理测度。

3. 产业生态效率：指产业系统生态资源满足城市需要的效率，是产品和服务的产出与资源和环境的投入的比值。评价时从生命周期的全过程出发，分析从自然资源开采、材料加工以及产品的生产、运输、消费和循环再生的所有环节，以寻求合适的经济方法或者政策手段来提高产业系统的生态效率。

4. 生态物流循环：本地食品生产和消费占城市总生产和消费需求的百分比不低于50%，高效率的污水处理和节水及中水回用设施，人均生活用水低于100升/日，普及城乡生态卫生工程，户均1平方米的社区堆肥池，70%的生活垃圾在社区内就地减量化和资源化。

（四）城镇生态文明能力建设

城镇生态文明能力建设以更新人的观念、调节人际关系、引导人的行为、提高人的素质为主导，强调城市生态的人文过程。通过利益相关者的行为调节和能力建设带动整个城市形态的彰显和神态的升华，促进物态谐和、业态祥和、心态平和与世态亲和的城市文明发展。要大力推进区域协同共生、城乡一体共荣、体制条块整合、天人关系和谐和社会均衡发展，着力调整局部和整体、眼前和长远、发展的速度和质量以及自主创新和对外开放的统筹关系。提升城市各部门、各单位和各阶层竞生、共生、再生、自生的社会生态活力。城镇生态能力建设可以选择以下指标来度量：

1. 生态认知指数：包括决策者、企业家、科技人员和普通民众的生态知识（生态哲学、生态科学、生态工学、生态美学和生态经济学）、生态意识（全球环境变化、区域生态服务、人群生态健康、生态可持续性管理）和生态境界（温饱、功利、道德、信仰、天地）。

2. 生态统筹能力：指城市各级管理部门对区域统筹、城乡统筹、人与自然统筹、社会与经济统筹和内涵与外延统筹的一种协调与管理水平，以及竞生、共生、再生、自生的能力。

3. 经济发展活力：腹地自然资源的支撑能力和潜力，生态系统的承载和涵养能力，科技和人力资源的孵化和培育能力，产业结构和布局的生态合理性，研究与开发、服务与培训人员的比例，经济发展的力度、速度、多样性和稳定性。

4. 社会参与能力：指城市为公众参与所提供的机制、体制和平台的完善水平，公众关心和参与重大决策的意愿以及知识与技能和社会自下而上的监督渠道、志愿者的参与程度。

三、生态化城镇建设模式及经验借鉴

（一）国外生态城市开发模式

同生态城市理论研究成果的丰富程度相比，虽然国外的生态城市建设实践较为薄弱，但也形成了较为典型的五种建设模式。

1. 紧凑型城市开发模式。紧凑型城市建设模式在绿色城市主义的代表蒂姆西·比特利看来，无疑是生态城市得以实现的良好基础。紧凑型城市强调混合使用和密集开发土地，使人们居住在更靠近工作地点和日常生活所必需的服务设施周围。概括而言，紧凑型城市的主要思想包括 8 个方面：高密度居住、对汽车的低依赖、城乡边界和景观明显、混合土地利用、生活多样化、身份明晰、社会公正、日常生活的自我丰富。可见，紧凑型城市建设模式的目标是为了实现城市的可持续发展。

2. 以公共交通为导向的开发模式。公交导向型开发模式主要为了解决城市人口过度依赖机动车所带来的局限及环境问题，确保城市公共交通的优先权是其主要原则，以此原则，倡导大力发展快速公共交通和非机动交通，降低私人小汽车的使用率。这种模式在巴西和日本的一些生态城市建设中得到了广泛的实践。例如，选择了公交导向的城市开发规划模式的库里蒂巴市，其城市化进程迅速，虽然人口从 1950 年的 30 万增加到目前的 210 万，但它在快速的城市化进程中却避免了城市交通拥堵问题的产生。

3. 社区驱动开发模式。社区驱动开发模式与公众参与密切相关，强化了公众作为城市的生产者、建设者、消费者、保护者的重要作用。例如新西兰的维塔克在生态城市蓝图中阐明了市议会和地方社区为实现这一前景所需要采取的具体行动，明确了市议会对生态城市建设的责任、步骤和具体行动。生态城市的成功最终是要依靠社区居民来实现的。

4. 生态网络化和原生化兼具开发模式。亚洲和欧洲的一些城市所进行的城市生态环境改善实践值得人们特别关注。例如日本千叶市高度尊重原有自然地貌，在城区对湖泊、河流、山地森林等加以精心规划并与市民交流活动设施紧密结合，并辅以相应的景观设计，形成了十几个大小不一、景观特色各异、均匀分布于城区的开放式公园。德国的弗赖堡市把环境保护与经济协

调发展视为区域发展的根本基础，并为此制定了可行的环境规划、城市规划、能源规划和气候保护规划等。这种开发模式往往带有一些共同倾向：城市生态系统网络化，并将生态系统与城市市民休闲娱乐空间规划紧密地结合起来；城市当中"生态飞地"和城市郊区"居住飞地"同时出现，传统城市空间的土地利用模式和空间形态对规划者的束缚逐渐松动；城市绿地系统具有"原生态化"倾向。

5. 绿色技术开发模式。一些发达国家在生态城市开发过程中，将城市纳入生态系统中的主要组成部分加以考虑，高度重视城市的自然资源。同时，可再生的绿色能源、生态化建造技术在生态城市建设中得到了赞赏和倡导。例如，日本大阪利用了大量最新技术措施来达到生态住宅的理想目标，如太阳能外墙板、中水和雨水的处理再利用设施、封闭式垃圾分类处理及热能转换设施等。尽管由于造价的原因，这样的住宅还无法普及，但这种实验对那些难以重新规划的城市人工生态系统的改进，却提供了一个在建筑层面实现生态建设的可能。西班牙马德里与德国柏林合作，重点研究、实践城市空间和建筑物表面用绿色植被覆盖，雨水就地渗入地下；推广建筑节能技术材料，使用可循环材料等。这些举措改善了城市生态系统状况。

（二）国外生态城市建设的经验

1. 规划目标具有可操作性是建设生态城市的前提。国外的生态城市建设都制定了明确的目标，并且有具体可行的项目内容做支撑。国外生态城市建设一开始就非常注重对目标的设计。面对纷繁复杂的城市生态问题，设计者没有设计一蹴而就改变一切的宏大目标，往往是从小处入手，将目标设计得具体、务实，能够直接用于指导实践活动。例如被誉为全球"生态城市"建设样板的美国加州伯克利，它的实践就是建立在一系列具体的行动项目之上，如建设慢行车道，恢复废弃河道，沿街种植果树，建造利用太阳能的绿色居所，通过能源利用条例来改善能源利用结构，优化配置公交线路，提倡以步代车，推迟并尽力阻止快车道的建设，等等。这样清晰、明确的目标，既有利于公众的理解和积极参与，也便于职能部门主动组织规划实施，从而保障了生态城市建设能够稳步地取得实质性成果。

2. 发展循环经济是生态城市成功与否的关键。发展循环经济是实现城市经济系统生态化的重要支撑力量，生态城市建设的关键在于将可循环生产和消费模式引入到生态城市建设过程。例如，日本的九州市从 20 世纪 90 年代初开始以减少垃圾、实现循环型社会为主要内容的生态城市建设，提出了"从某种产业产生的废弃物为别的产业所利用，地区整体的废弃物排放为零"的构想；澳大利亚的怀阿拉市则制定了传统的能源保证与能源替代、可持续的水资源使用和污水的再利用等建设原则，解决了该市的能源与资源问题。

3. 公众参与是生态城市构建的重要环节。国外成功的生态城市建设都鼓励广泛的公众参与，无论从规划方案的制定、实际的建设推进过程，还是后续的监督监控，都有具体的措施保证公众的广泛参与。城市建设的管理者都主动地与市民一起进行规划，有意与一些行动团队，特别是与环境有关的团队合作，使他们在一些具体项目中能作为合作伙伴，同时又使他们保持相对独立，可以抨击当局的某些决策。这种做法在很多城市收到了良好的效果。可以说，广泛的公众参与是国外生态城市建设得以成功的一个重要环节。

4. 完善的法律政策体系是生态城市建设的重要保证。国外的生态城市大都制定了完善的法律、政策和管理上的保障体系，确保生态城市建设得以顺利推进。政府通过对自身的改革及政策创新来减少对资源的使用，因为很多政府已认识到可持续发展是一条有利可图的经济发展之路，可以促进城市经济增长和增强竞争力。例如，一些城市建立了生态城市全球化对策和都市圈生态系统管理政策，为生态城市快速健康的发展提供了强有力的保障和支撑。

（三）国外典型的生态城市建设案例

生态城市是一个人与自然和谐共处的社会经济环境复合生态系统，是一个生态良好、经济发展、社会进步三方面保持高度和谐，人与自然达到充分融合，城乡环境清洁优美，能最大限度地促进城镇经济社会和环境建设的复合系统。西部的一些城镇在建设过程中，出现了资源开发不合理、土地浪费及生态环境恶化等问题，且有愈演愈烈的趋势。国外一些典型国家在生态城市建设中积累的经验，值得我们深入研究和借鉴。

1. 瑞典的哈默比湖城生态文明建设：哈默比湖城位于瑞典斯德哥尔摩中心城区的东南边缘，是欧洲众多可持续与低碳城市试验项目中的优秀范例之一，它不仅是瑞典生态城市建设的一个成功样板，同时也为全世界生态城市的建设提供了良好的示范。

较早提出生态城市规划。在 20 世纪 90 年代中期，哈默比湖城就通过规划确立了明确的环境发展目标，计划到 2015 年碳排放量减少一半。通过 20 多年的持续建设，截至 2010 年 3 月，其减碳目标已完成近 80%。对哈默比湖城地区实施整顿和开发以前，该地区曾受到严重的自然环境污染，大片低劣的工业设施需要全面彻底的净化清理和拆迁改建。斯德哥尔摩城市环境管理局为了满足当地摆脱健康和环境威胁的内在需求，将规划项目聚集于环境主题和基础设施方面，拟定了一系列的规划和操作程式，即哈默比模式。该模式的各组成部分相互关联多向转化，共同构成了一个自我循环的完整系统，揭示出污水排放废物处理与能源提供之间的互动关系及其所带来的社会效益。

有效利用废物与能源。哈默比湖城的雨水，稍经过滤和净化后，便直接排入湖水，或采取开放式的排水沟渠，经由一系列的蓄水池排入湖水；对于生活和生产性污水，哈默比湖城专门建立了一个具有检测新技术的实验性污水处理厂，污水净化后返用于农地，恢复被毁坏的农田；垃圾和废物通过地下的垃圾处理系统、真空分类收集系统，完成垃圾和废物的分类和收集工作；污水和垃圾处理过程中产生的废热被用于地区供暖，在各类建筑上架设太阳能板，从太阳辐射中摄取热能，通过太阳能的利用和转化，代替电力的耗费，降低能耗成本；有机废料或是污水中淤积物（包括从供热和食品垃圾中回收的可燃物）的分解和规模化生产产生的大量沼气，除了部分家庭日用外，主要还作为燃料用于生态型的小汽车与公共汽车，根据测算，一般单一家庭的污水排放量所产生的沼气，足以支撑其日常的家用所需。

有效发挥税收政策的调控作用。斯德哥尔摩市从 2006 年 1 月开始征收交通拥堵税，此举对缓解交通拥挤和改善环境等方面发挥了重要的作用。斯德哥尔摩市环境和健康管理局负责人贡纳尔·桑德厄姆（Gunnar Sodergolm）称，该项税金减少交通流量 20%，改善空气质量 10%，减少碳排放 10%～14%。征收交通拥堵税有三个目的：改善环境、缓解交通和提供更便利的公共交通设施。该举措的试点实施 7 个月后，举行了全民投票的做法，以决定是否继续实施该措施，尽管有 75%～80% 的人在试点实施前持反对意见，但实行了 7 个月后，有 65% 的群众支持这项方案，最终同意继续征收该项税金。

2. 芬兰维基实验新区建设：维基实验新区位于芬兰赫尔辛基市的东北郊，是近年来运用生态理念进行实验性开发的大型项目之一，作为生态城市建设的典范，维基实验新区建设成功的关键之处在于建设前期制定了系统的生态目标和实现体系。

总体的战略规划。维基实验新区注重总体规划，在规划设计上，遵循可持续发展的原则，将生态取向贯彻到设计和建造环节。依据规划方案，新区主要由居住区、以生态为主题的自然开发区、科学园区以及商业服务设施区共同组成，有机地融入了赫尔辛基21世纪议程中所敲定的既有发展结构，旨在创建一处涉足生物科学技术、农艺和农业领域的国际化实验区的同时，打造出一片生态宜居环境，为未来类似的项目积累经验，也为国家可持续发展的生态建设计划提供支持。在组织操作上，将政府机构、高校和私人企业有效地凝聚起来，使得居住功能、自然资源和科学园区之间统一协调，建立起一种紧密的合作关系。

完整的空间规划。维基实验新区空间规划过程中，将居住区规划为占地最大的功能区块，且居住区内的住宅多是依山而建，确保了新区内居住环境的生态特性；在空间布局上，采用绿色廊道切割的街区布局，在接近自然景物的区域，建筑面积开始减少，建筑长度有所缩减；在绿地系统上，生态居住区采用指状结构，将绿地渗透到庭院和街巷中，而一套同城市公路相分离的步行体系和自行车专用车道贯穿整个绿地系统；在新区的南侧，除了大部分农田外，还有一片占地254公顷的湿地保护区，它作为水禽鸟类的栖息地和禁止人类侵扰的自然保护区，是新区开发时特别关注的特色要素；新区在开阔的土地里绵延了大片的农业生态景观，还安排了一个农场果园同园艺园区相结合的家畜园；新区的科学园由高校科研中心和试验农场从北至南连成一条研发带，由于形成于统一的规划，所以科学园具有较强的向心性和整体性。

发挥政策的引导功能。赫尔辛基非常注重发挥公共政策对生态环境的引导功能。赫尔辛基81%的建设用地为社会公有，这一鲜明的公有导向的财产政策，确保了维基实验新区建设的顺利实施和逐次展开；维基实验新区建设规划中的大部分住宅项目由私人开发商承包建设，政府通过税收减免政策鼓励节能环保材料的使用；农业能源政策环境保护政策等也在维基实验新区的成功建设过程中发挥了至关重要的作用。

3. 新加坡新镇和政府组屋建设：新加坡约80%的人居住在全岛23个新镇内的政府组屋，新镇内除了高质量可负担的住房，还就近提供齐全的公共设施、便利的交通和宜人的社区景观，新加坡人享受着高品质的生活环境，都得益于新加坡政府部门的全面计划和政策的大力支持。

宏观的战略规划。新加坡城市规划具有四个方面显著的特点：一是科学性。新加坡 1965 年建国后就通过联合国聘请世界一流专家，历时四年，高起点高质量编制了城市概念性发展规划，并以此为总纲，制定了城市总体规划、城市分区规划和控制性详细规划，为未来 40～50 年城市空间布局、产业发展等提供了战略指导。新加坡无论是概念性规划，还是城市总体规划及分区规划，都体现了先进的理念，较好地运用了区域生态经济、城市意象等规划理论，有效引导了城市特色的塑造。二是权威性。不论是城市概念规划，还是城市总体规划都具有较强的刚性，一旦经过法定程序批准，都不得随意修改。在规划的调整上，采用稳定概念性规划、定期调整总体规划的策略，满足经济社会发展的需要。根据规定，新加坡概念性规划期限为 40～50 年，每 10 年调整一次；城市总体规划期限为 10～15 年，每 5 年调整一次。这样，既保证了规划的稳定性和连续性，又体现了与时俱进的时代特征。三是透明性。新加坡政府认为，城市规划是一个理性推进过程，也是一个民主决策过程，因此，在规划的制定和实施中，新加坡主管部门积极鼓励公众参与，将规划制成丰富多彩的小册子，向公众征求意见；部长深入民间，召开交流会议，听取群众呼声；城市重建局定期收集专业团体、企业和开发商的意见，并充分采纳合理建议，真正做到了集思广益，以民为本。四是和谐性。新加坡的规划特别注重非建设空间的管制，处处体现对自然的保护和人文关怀，如为了保护岛屿的自然风光，将大约 3000 公顷的树林、候鸟栖息地、沼泽地规划为自然保护区，以改善城市的生态环境。

动态的新镇规划。新镇建设的主要执行机构是建屋发展局，建屋发展局 20 世纪 70 年代末建立了新镇结构规划模型，用以指导新镇的发展建设。在土地使用分配上，30%～40% 的土地用于居住或与居住相关的设施，1/3 用于工业与商业发展，其余的则用作道路、学校、体育场馆、公共设施、绿地等。规划中典型的市镇至少容纳 1200 个家庭，高密度的新镇建设有助于高效的基础设施规划与施工协调，也有助于高效的交通系统的规划建设和利用。有计划和大规模的新镇建设降低了建筑造价，保证了各种设施的供应，提高了维修效率。随着人们对住房的要求和期望的提升，建屋局对居民的需求与理想也有了深入的了解，为了满足日益变化的社区需求，政府在组织实现新镇远景之际，较旧的市镇也通过选择性整体重建计划和组屋区更新计划而改头换面，重获新生。选择性整体重建计划能让居民提升至附近新建的和更好的组屋，同时享有新的 99 年的房屋居住权。组屋区更新计划包括主要翻新计划、中期翻新计划、电梯翻新计划、家居改进计划和邻区更新计划，这些组屋区更新计划能给较旧市镇注入活力和新生，使居民无须搬离熟悉的社区而仍能享受更美好的生活环境。

适当的财政支持。政府资金一直都在新加坡公共住屋方面扮演重要角色，确保组屋符合国人的购买力。政府援助措施包括提供贷款和津贴以资助公共住屋的发展和其他活动，政府资助建屋局运作的主要贷款包括：抵押融资贷款，让建屋局为购买组屋者提供抵押贷款；翻新融资贷款，为屋主提供分期付款计划，帮助他们支付所需分担的组屋翻新计划；建屋发展贷款，专门用以资助发展计划及运作；建屋局也通过中期票据计划投入资本市场筹集资金；同时，政府每年为建屋局提供津贴以弥补推行公共住屋的赤字。

4. 巴西库里蒂巴市生态之都建设：库里蒂巴市是巴西南部巴拉那州的州府，全市面积 132 平方公里，人口 160 万，是巴西第七大城市。库里蒂巴市因城市布局合理、城市环境优良、管理措施得当，其城市规划在探索城市可持续发展之路上取得了举世公认的成绩，使之成为世界著名的生态环保城市。

前瞻性的生态城市规划。20 世纪 60 年代末，库里蒂巴市开始建立城市发展新规划，20 世纪 70 年代，贾米·勒纳出任库里蒂巴市市长，开始了库里蒂巴的生态建设规划。第一，在道路两旁专门为建设绿地而预留位置，为公交车预留专用车道，避免了城市发展到一定阶段后的道路拆建整修问题。通过追求高度系统化的渐进的和深思熟虑的城市规划设计，实现了土地利用与公共交通一体化；第二，结合城市的发展状况和自然条件，科学规划设计，合理布局商业区和住宅区，使得库里蒂巴市从一个人口密集的大城市转型为多中心的综合城区；第三，严格控制第一、二、三产业的比例，避免了日后因产业结构不合理导致城市功能退化等问题。正是由于库里蒂巴市这一系列有前瞻性的城市规划，才使得它成为今天宜居的生态城市。

少量的政府财政投资。在城市化建设过程中，库里蒂巴市政府积极鼓励私人企业投资参与城市建设，这样既能减少政府资金的投入，激发企业的生产活力，又为市民提供了更多的就业机会。在市政建设方面，政府鼓励和调动私营企业参与城市建设，通过对私营企业方案的优选竞标，征集到许多新鲜的城市建设思路，政府部门只负责指导，既节省了政府的人力财力，又能够保证城市建设质量。政府鼓励在生态环境遭到破坏的地方建设公共设施，如在垃圾场上建造植物园，在矿坑上建造歌剧院等，土地废而不弃，这些地方并没有因公共设施的建设而遭到破坏，反而得到了很好的保护，同时政府也从中获利，因为这种土地管理模式不仅减少了政府管理和保护的成本，还减少了资源的消费和废物的产生，有效抑制了大拆大建建筑寿命过短等现象的出现。

严格的法律法令。早在1953年，库里蒂巴市政府就制定了一系列与城市规划相关的法令，规定在城市建设中要把绿化放在首要位置。政府为了加强城市绿化，建立了专门的绿化区域委员会，砍树必须经过政府批准，而且还需要在园林部门监督下进行。此外，每砍伐一棵树，就要补种两棵树，正是在市政府的高度重视和市民的大力支持下，库里蒂巴市人均绿地面积从1970年的0.5平方米增加到现在的51.5平方米，是世界卫生组织建议的16平方米的3倍。1966年初，库里蒂巴市政府规划了排水管线，划定某些低洼地区禁止开发以专供排洪用，并于1975年通过了保护现行自然排水系统的强制性法令。库里蒂巴市政府在河岸两旁建成了有蓄洪作用的公园，并修建了人工湖，政府禁止在公园铺设硬质路面，公园里的一切保持原生态，公园里可以渗水的土路也维护了城市的水资源循环。另外，该市还有一条旨在保护历史建筑物的法令，历史街区的土地所有者不可以在历史街区的土地上进行随意开发，这些法律法令要求每个相关部门和人员必须严格执行，这在一定程度上保证了库里蒂巴市城市建设的顺利进行。

广泛的群众参与。库里蒂巴市政府坚持以人为本，尊重公民，视公民为所有公共资产和服务的所有者与参与者，系统化的绿色城市发展策略又激发了群众的想象力和参与热情，使得群众广泛参与到生态城市建设中来。首先是快速公交系统，目前库里蒂巴有几百个社会公益项目都是要群众参与的，如垃圾不是废物（garbageisnot garbage）的垃圾回收项目，市长曾经亲自到街道上捡垃圾，用捡来的垃圾置换物品，市民们不再把捡垃圾当成是丢脸的事，全民参与到垃圾购买活动中来，使城市中的垃圾循环回收率达到95%；在最贫穷的邻里小区城市开始的技能培训项目，帮助市民学习和提高各种实用技能；在公园和绿地建设项目中，库里蒂巴市购买了150多万棵树木，由市民自愿沿着城市街道种植，使得城市绿化面积迅速提高；公共汽车再利用项目是把淘汰的公共汽车漆成绿色，提供周末从市中心至公园的免费交通服务或用于学校服务中心流动教室等，为低收入邻里小区提供成人教育服务。

（四）国外生态城市建设给我们的启示

以科学的总体规划指导生态城市建设：瑞典的哈默比、芬兰维基、新加坡新镇、巴西库里蒂巴市在生态城市建设过程中最先考虑的都是规划，即以科学的总体规划作为生态城市建设的政策导向，这是实现城市（镇）可持续发展的重要前提。规划是城镇的灵魂，这些地区的城镇发展着眼于生态导向的整体规划，立足实际，科学地处理和协调城镇的各种功能，解决城镇化进程中出现的各种矛盾，确保城镇化发展的水平、速度和效益三者协调统一在生态城市建设过程中。政府部门应根据自身经济社会发展水平和城镇化建设的需要，科学谋划城镇发展的功能布局、市政建设、城镇管理等方面问题，把城镇建设可能存在的问题和解决办法统筹考虑进去，既要把城市区域规划和国家总体规划结合起来，使城市发展与区域经济发展甚至国家的发展相协调，达到与区域共存、与自然共生的目标，同时又按照区别对待、因地制宜、统筹分类的方法，做好各城镇建设的规划编制。城镇规划应是一种绿色规划和可持续发展的规划，应从现有的关注大气水体噪声环境的污染程度，转向把城镇环境生态作为系统工程与人工环境结合起来的一种规划，充分体现安全性、生活便捷性、环境舒适性、经济性及生态可持续性。

以完善的公共政策调控生态城市发展：城市（镇）化是政府主导的行为，积极发挥公共政策的调控作用，是生态城市（镇）健康发展的关键。政府为城镇化发展营造良好的政策环境，政府在调控整个城镇体系健康有序发展具有起着关键作用。哈默比城利用税收政策征收交通拥堵税来缓解城市交通压力；芬兰赫尔辛基政府利用财产政策的公有导向促进维基试验新区的顺利开发；新加坡政府通过财政金融等政策帮助购买组屋的国人分担经济上的压力；巴西库里蒂巴政府的就业政策一方面鼓励大量私人企业参与市政建设，另一方面又为更多人提供了就业岗位。各国政府强调制定和优化公共政策，发挥公共政策的调控作用，积极开发建设区域基础设施，改善城市生态环境，提供公共服务设施，引导城镇化、市场化与工业化互动发展，积极推进区域结构调整，正确应对快速发展的城镇化进程，用财政税收就业等政策调节资源配置，弥补市场机制的不足。

以合理的产业布局促进生态城市发展：瑞典的哈默比城原本是一个工业

码头，但政府部门科学布局，大胆创新，改变了传统产业模式，适时地进行产业结构调整，使哈默比从昨日破败的工业码头变成今日生机勃勃的生态型城镇；巴西库里蒂巴市在城市规划之初就确立了控制第一、二、三产业布局和结构的计划，保证了城市化发展过程中城市的发展活力，也避免了因城市产业布局不合理而导致的城市功能衰退状况。西部地区要加快新型城镇化进程，不能停留在已有的传统模式上，必须以创新为动力，走新型工业化道路，大力实施科教兴国战略和可持续发展战略，不断增强中小城市和小城镇的整体实力和产出功能。一是应有计划有步骤地把大城市在产业结构调整中需要转移出来的某些产业，经过技术组装重新布局于中小城镇，这既降低了大城市的产业升级成本，又缩短了中小城镇的产业成长周期，促进其实现跨越式发展；二是千方百计地寻求适合中小城镇开展科技成果转化的好项目新形式，用最新的科技成果武装中小城镇的新兴产业企业，进一步提升其产业水平和经济实力。

以完善的经济政策调节地区差异：芬兰维基实验新区、新加坡和巴西库里蒂巴市政府在建设生态城的过程中，都注重鼓励和调动私营企业参与城市建设，既减少了政府资金的投入，也激发了企业的生产活力，又为市民提供了更多的就业机会。另外，各国都利用财政投资和补贴政策，扶持弱势产业和群体，保证了城镇化建设顺利推进。生态发展是探索一条生态保护与经济发展共存的模式，也就是说生态经济不是以生态换经济，亦不是以经济换生态，因此，经济政策的制定必须考虑通过增加基础设施建设，促进资本成功投资，提倡新企业创业和创新，促进企业的发展。西部地区的生态城市建设应吸收国外的先进经验，并将其运用于城镇化建设实践，动员各种社会力量，建立符合市场经济体制的多元化社会化投融资体制，培育资本市场，拓宽投融资渠道，为生态型城镇建设提供良好的生长环境。

以完整的政策体系保证城市建设进行：瑞典的哈默比湖城、芬兰的维基实验新区、新加坡的新镇建设和巴西的库里蒂巴市生态城市建设，都着眼于为社会提供良好的公共服务，重视对城市基础设施的完善，使各项政策措施有机配合，把城市的能源系统、污染处理系统与食物供应系统结合起来，使城市建设和生态建设同步发展。西部地区的生态城市建设应借鉴国外的做法，注重城市发展质量，完善城市基础设施和社会设施建设，提高城市建设档次，优化城市住宅道路给排水、电力电信、供热燃气、环境卫生、园林绿化、防灾体系等基础设施建设，强化城市商业医疗卫生教育体育等社会设施的配套发展。实际上，要实现城市经济社会协调发展的预期目标，就应当在国家宏观调控政策的引导下，发挥地方政策的合力，既要加强财政、税收、金融政策与产业政策及生态环境保护政策的协调配合，又要有人口、就业、教育等政策和社会保障政策的协同配合，充分激发政策的协同效应，既实现城镇化快速发展的目标，又能兼顾生态环境及资源的良性利用，推动生态城市健康发展。

四、西部地区生态化城镇建设路径选择的原则

结合国外生态城市的开发模式和建设模式，立足西部实际，我们认为，西部地区的生态城市建设模式选择应坚持以下原则。

（一）充分发挥政府统筹规划和鼓励全员参与的原则

一方面，政府通过制定生态城市建设规划和实施框架，从宏观上把握城市发展的方向和目标，有力地确保了生态城市建设目标的顺利实现。为此，西部生态城市建设必须充分发挥政府统筹规划的主导作用，才能促进西部生态城镇建设的顺利推进。另一方面，无论是前期规划方案的制定，还是后期实际建设活动的推进和监督过程，国外地方政府都积极鼓励公众参与，使政府推行的各项政策公开化、透明化，也便于及时吸取公众意见，使城市建设更符合公众的实际需要；例如，通过以社区为单位的组织动员，树立了公众的生态意识，增强了公众节约资源和保护环境的自觉性。

（二）城市建设目标制定的针对性与操作性原则

国外生态城市建设目标的制定，通常是针对城市发展中面临的某一问题或者某一重点建设领域，以具体可行的项目内容做支撑，如德国弗莱堡市推行的垃圾处理项目、居民区生态环境处理项目，巴西库里蒂巴的城市交通和土地利用一体化项目，美国加州伯克利建设自行车道、建造利用太阳能的绿色居所、优化配置公交线路等生态城市规划项目，这些城市建设目标清晰、明确而又务实，可实践性及目标的可达性极强，便于相关职能部门组织规划实施，也便于公众的理解与广泛参与，确保生态城市建设取得实质性的成果。

（三）依靠科技创新发展循环经济技术原则

注重资源的有效合理利用，依靠科技力量推行循环经济是如今诸多国家促进城市经济可持续发展采取的重要举措。生态城市建设的关键在于将可循环生产和消费模式引入到生态城市建设过程。日本北九州市通过高科技的开发利用，提高资源的利用率，减少了城市垃圾的排放，成功实现了以实现循环型社会为目标的生态城市建设。将循环经济模式贯穿和渗透在城市发展的产业结构、生产过程、基础设施、居民生活以及生态保护各个方面，是建设生态城市、充分有效利用现有资源的重要探索。

目前，我国在依靠科技创新发展循环经济技术，建设生态城市的过程中，已探索出自然型、园林型、滨海型、节水型、循环型、紧凑型旅游型（生态旅游型）、宜居型、政治型八种建设模式，这些模式在实践中取得了一定成就，但也存在着诸如忽视城市本身的生态结构，盲目照搬国外的一些生态城市模式；建设目标的制定空洞不合实际，缺乏深层次的规划和发展；忽视城市内部资源再生；只重视基础设施建设，忽略城市生态文化建设等，这些都是西部地区在发展生态城市的过程中需要注意避免的。

（四）建立相对完善的法律及社会监管体系原则

生态城市建设法律监督体系主要指的是由国家机关、社会组织和公民，通过各种形式对生态文明城市建设规划的全过程进行监督，主要分为国家监督和社会监督两大类。国家监督主要是以国家各级机关为主体，以国家的名义，根据法定的职权和程序进行的具有法律效力的监督。社会监督是指国家权力机关以外的公民及其他社会组织行使的一种没有法律效力的监督，其主体范围广泛，民主性突出，虽然不具有法律效力，但却发挥着极其重要的作用，如传媒监督，传媒监督又称新闻舆论监督，是指通过电视、报刊、广播以及出版物等传媒，在公共的言论空间中通过公开的"指控"提出改进建议。

（五）借鉴和西部实际相结合的原则

西部地区生态城市发展模式的选择，不仅要广泛汲取目前国内外生态城市建设的实践经验，更要立足于西部地区自然环境、经济社会发展水平、城市发展现状等方面的实际，从客观条件出发选择切合自身发展水平的模式。

就自然环境而言，一方面，西部地区的生态环境系统极其脆弱，水土资源的承载能力与生态环境容量较小，生态城市发展需要改变传统粗放的经济发展方式和无节制的城市扩张，避免生态环境的进一步恶化；另一方面，西部地区的土地资源、光热资源、生物资源、矿产资源以及能源等储量可观，如何合理开发利用这些资源、发挥区域比较优势，是西部地区生态城市建设的一个重点。

就经济发展看，西部地区处于较低的发展水平，而生态城市建设恰恰需要持续高效的经济增长提供物质保障，强大的科技力量提供技术支持，公民素质的提升提供公众支持。因此，西部地区在生态城市模式选择及具体建设目标制定时，需要认清这一客观实际，积极转变传统落后的生产方式和经济发展模式，促进城市经济的良性循环，注重提升公众素质、动员社会力量参与城市建设。

在城市发展方面，西部地区地域广阔，不同地区内部各城市的发展状况及面临问题各有不同，例如，有的矿产资源型城市面临着资源枯竭的危机，有的工业主导型城市环境污染严重，有的旅游型城市景区生态环境遭到破坏，等等。对于某一城市而言，生态城市模式的选择需要综合评定其具有的优势及劣势，并针对该城市发展进程中存在的突出问题提出切实可行的解决办法，切不可生搬硬套其他城市的发展模式，忽略了自身的发展需求。

五、西部地区生态化城镇建设路径

西部地区生态城市发展模式的选择，需要综合考虑其经济发展水平、产业发展状况、社会进步程度、资源禀赋水平、生态环境质量、少数民族群体发展状况等因素，并借鉴国内外生态城市建设的经验教训，推进具有地域特殊性的生态城市建设模式。

西部地区有的城市是在开采利用当地矿产资源基础上发展起来的矿产资源型城市；有的城市畜牧业及相关产业在经济发展中占主导地位，归为农牧业型城市；有的城市主要职能是依托当地的自然、历史、文化资源发展旅游业的旅游型城市；还有一部分城市职能专业化不明显，是经济、社会、文化等各方面都较为发达，对整个区域的发展具有辐射作用的综合型城市。

可根据这些不同类型的城市所具有的特点、存在的问题，构建不同的生态城市建设路径。

（一）矿产资源型生态城市

矿产资源型城市，是依靠当地的矿产资源开发利用而逐步形成和发展起来的，且资源性产业在工业生产中占有较大份额。西部民族地区是我国矿物能源和原材料的主要供应地，矿产资源型城市数量较多，例如，铁、金、铜等矿产资源丰富且富产稀土矿的内蒙古包头市，号称"塞上煤城"的宁夏石嘴山；石油储量丰厚的新疆克拉玛依市；有"江南煤都"之称的贵州省六盘水市；盛产锡矿的云南省个旧市，等等。矿产资源型城市的兴起与发展，不仅推动了西部地区的工业化进程，初步建立了工业化体系，同时也改善了我国的区域经济格局，在促进区域经济协调方面发挥了重要作用。

1. 城市特征：矿产资源型城市最突出的特点在于它极强的资源导向性，其主导产业是围绕资源开发而建立的采掘业和初级加工业，产业结构单一，整个城市就业人口中矿业职工占据较大比例，城市经济发展对资源的依赖性很高。矿产资源型城市的发展和区域辐射带动，促进了矿产品加工业和相关服务业的发展，为扩大社会就业、推动地区经济发展做出了贡献。

2. 面临的问题：近些年，随着我国 2/3 的矿山进入中老年期，1/4 的矿产资源型城市面临资源枯竭，西部地区的矿产资源型城市也面临矿竭城衰的危险，在经济、社会和生态环境等方面的矛盾开始显现，主要表现在以下几方面。一是经济结构不合理，资源综合利用水平低。从产业结构看，第三产业和第一产业相对落后，主导产业过度依赖于资源禀赋，受不可再生资源生命周期规律的限制，城市经济发展的比较优势将逐渐消失；从产品结构上看，以初级矿产品等基础原材料为主的粗放型特征较为明显，产业链条短，产品结构层次低、能耗高、污染重，资源综合利用水平较低，在市场竞争中处于不利地位。二是资金技术匮乏，产业升级缓慢。在过去国家制定的价格体系严重扭曲的情况下，经济利润大量流失，导致矿产资源型城市的财力极为不足，难以进行生产设备的更新改造。再加上地理位置偏僻，人才和新技术引进不足，导致产业技术装备差，高新技术产业比重小，深加工产业水平低，传统产业发展缓慢，第三产业发展仍以传统服务业为主，高层次的服务业比重低，产业升级缓慢。三是城市生态承载力弱，环境污染严重。生态承载力弱是西部地区的显著特征，矿产资源型城市物耗大、污染重的产业结构，使产业发展产生大量固体废弃物污染、大气污染、水污染，甚至造成城市周边地区的水土流失及荒漠化，城市经济发展的环境代价巨大。例如，内蒙古东胜煤田和准格尔矿区的开发，加剧了黄河中游水土流失状况，工矿区工业污染、城区大气污染和生态环境破坏已成为内蒙古很多煤炭矿产资源型城市面临的主要环境问题。此外，后备资源不足，接替产业尚未开发，矿竭城衰后将产生城市人口就业、社会保障等方面的问题，不利于社会稳定和城市经济的可持续发展。

3. 建设路径：根据生态城市建设原则，城市经济建设与社会发展要充分考虑环境容量、生态环境承载能力，不能以牺牲生态环境为代价换取短期经济社会的发展。针对矿产资源型城市面临的上述问题，城市建设路径主要是：

第一，调整发展思路，走产业结构多元化之路。产业结构多元化，是西部民族地区矿产资源型城市发展的必然选择。产业结构的调整，需要改变传统的单纯以自然资源开发为主的产业结构，积极发展非矿产业，走产业结构多元化之路，使城市由资源型向综合型演变，以免城市发展走入"矿竭城衰"的困境。

目前，东部地区一些矿产资源型城市已经进行了城市产业多元化方向的探索，并取得了积极成果。例如，江苏徐州市作为华东地区重要的煤炭生产供应基地，早在20世纪70年代就开始发展非煤产业，积极突破以能源为主体的工业格局，促进产业结构优化升级。目前徐州的电子、机械、化工、食品、建材五大支柱产业发展迅猛，占全市工业总产值的比重已超过60%，煤炭工业产值已不足全市工业产值的10%，成功地将煤炭矿产资源型城市转型为综合型城市。西部地区的矿产资源型城市应积极借鉴资源型城市成功转型的成果，改变城市经济结构，改善资源产业一业独大的局面，增强城市可持续发展的能力。

第二，发展循环经济，走环境与产业协调发展之路。传统产业高消耗、低利用率的发展方式使城市向自然过度索取，导致城市生态环境恶化，城市经济发展的可持续性能力减弱。对于矿产资源型城市而言，发展循环经济，是促进资源永续利用、防治工业污染、保护城市生态环境的重要途径。发展循环经济，需要对传统产业进行技术改造和设备更新，广泛推行清洁生产，发展无废、少废工艺和资源综合利用技术，延长产业链条，提高资源的利用率，延长矿产资源型城市的生命周期，走环境与产业协调发展的道路。

第三，改革资源税收制度，设立可持续发展基金。资源和资源性产品的零价或低价，是长期以来资源浪费严重、资源输出收益微薄、资源开发强度过大等问题产生的原因。加快西部地区资源税收制度改革及对资源合理定价，有助于西部地区合理开发利用资源和促进地区间经济收益合理分配，增强地方社会经济发展实力。

此外，在西部地区开征煤炭、石油、天然气等资源的可持续发展基金，并根据"专款专用"原则，专门用于解决资源开发带来的城市生态环境修复、矿产资源型城市转型、重点接替产业发展等问题。

（二）农牧业型生态城市

西部地区农牧业资源十分丰富，种养殖历史悠久。长期以来，大宗特色农产品和畜产品的生产集中度逐步提高，形成了优势产区，如棉花生产集中在新疆，甘蔗生产集中在广西，甜菜生产集中在内蒙古和新疆，茶叶生产集中在云南、广西、贵州，烤烟生产集中在云南、贵州，畜牧业生产集中在内蒙古、新疆、青海、西藏四大牧区等，一些特色农牧业产品在国内外市场上都具有比较优势。

西部地区经济发展的关键在于依托区域特色资源、充分发挥优势产业的潜力。农牧业是西部地区的优势产业，如今，西部地区一些城市依靠城市周边具有比较优势的农牧业资源，利用农牧业生产提供的原料，发展农产品加工业、纺织工业及其他轻工业，以工业化思维谋划农业经济、畜牧业经济的开发，实现工业与农业、工业与畜牧业、城市与农村的一体化经营与发展，这类城市被称为农牧业型城市，如以经济林木和林下资源开发为特色的西藏林芝、以烟草业发展为主导产业的云南玉溪、以盛产羊绒制品而闻名的"中国绒城"鄂尔多斯、以畜牧业为基础产业的新疆伊宁等都属于这一类型。

1. 城市特征：农牧业型城市最大的特点在于依托城郊的农牧业资源优势，在农牧业生产上，由粗放型扩大再生产为主向内涵型扩大再生产为主转变；在农牧业经营上，由农业为主向非农产业特别是非农业人口的需求满足方面转变；在农产品销售上，由初级产品为主向深加工产品为主转变，即实现农业、畜牧业生产的高度市场化、集约化、产业化、现代化。同时，城郊农牧业还可发挥其生态功能，通过发展生态农业、观光农业为城市居民提供休闲、观光场所，净化空气、美化城市环境，打造城市的绿色屏障。

2. 面临问题：农牧业型城市的发展，要以城市周边的特色农牧业资源开发为基础，以城市需求为导向，通过扩大城市对周边农村地区的经济、社会和文化的辐射作用，积极改造传统农业，实现农牧业的产业化、现代化及城乡经济的协调发展；同时发挥农业的生态功能，优化城市环境，缓解城市

"热岛效应"。目前，西部地区农牧业型城市发展面临的问题主要有：第一，产业化水平较低。表现在农产品加工技术水平和装备落后，农产品加工仍处于初级阶段，产品开发链条短、精深加工少；龙头企业带动能力不强，与农牧民的资本连接、服务支持、利益共享等一体化关系尚不明确。例如，新疆伊犁自治州伊宁市，农产品加工企业已有一定数量，但从总体上看，企业规模较小、科技含量较低、加工转化和增值率不高，市场开拓能力较弱；州级以上农业产业化龙头企业仅占13.8%，企业与产业基地间的联系不紧密，产业基地和农产品品牌建设相对滞后，龙头企业带动能力不强；农业基地的规模化、标准化生产水平低，一些已建成的特色农牧产品基地由于管理粗放、科技含量低，农产品的优良品种率和整体质量不高，农产品品质严重退化，比较优势没有得到充分发挥。第二，基础设施薄弱，服务体系不完备。西部大开发以来，西部地区农牧业生产的基础设施有了较大改善，但是包括水利、交通、通信、农贸集市在内的基础设施仍然不能满足农牧业发展的需要。对于农业生产来说，水利设施建设滞后，尤其是西北干旱地区水资源匮乏仍然是制约农业生产的关键，农业抗灾减灾能力不强，工程性缺水是特色农业发展面临的普遍问题，农业节水工程、节水技术有待进一步推广利用；对于畜牧业生产而言，草场建设、人工草料基地、人畜饮水工程建设投入不足，制约着草地畜牧业的发展。同时，农牧业发展所需的社会化服务体系建设滞后，城市化对农牧业生产的辐射作用不强，对农牧业生产所需的保护体系不能提供有力支持，如质量检测体系、良种繁育和引进体系、疫病防治体系、保险、储藏、冷库、市场流通体系、信息流和技术流交换体系等的建设还不能满足特色农业发展的需要，亟需城市提供资金、技术、设备及专业化人才的支持。第三，城郊工业化污染导致农牧业生产环境恶化。由于城市中心区域用地紧张、交通拥堵、环境污染严重，西部地区越来越多的城市开始将高污染、高耗能的企业搬迁至城郊工业园区，集中进行生产。一些工业园区建设占用了耕地、草场，缩小了农牧业生产的空间；污染物和废弃物排放，导致农牧业生产区域生态环境质量下降：土壤污染、水源污染、草场土地沙化、荒漠化加剧等，制约了绿色农产品开发及生产，使农牧业的可持续发展能力下降。

3. 建设路径：西部地区的城镇化对农牧业发展的辐射功能不强，城市对周边农牧业发展的带动作用有限。因此，对于农牧业型城市而言，生态城市建设要秉持生态建设与经济发展相结合原则，将生态城市建设与区域特色经济、农牧业特色产业发展相结合，扩大城市对周边地区的经济、社会和文化的辐射作用，实现城乡协调发展，建设路经可以概括为：

第一，加强标准化生态基地建设，推动龙头企业发展。农牧业型城市的发展，需要充分发挥特色农牧业的优势，围绕优势农牧业积极构建加工体系，提升农牧业的产业附加值。为此，需要加强城郊标准化农牧业生态基地建设，推进规模化生产和标准化管理，既提高经济效益，也保护生态环境。要达到上述目的，就需要城市为农牧业发展提供相应的资金、技术和管理经验支持，大力培育和扶持产业龙头，让其发挥引导生产、深化加工、配套服务、拓展市场的综合功能，让分散的小农户融入产业链条，促进特色农牧业生产方式由传统型向现代型转变。

第二，加快科研技术开发与推广，强化基础设施与服务体系建设。先进适用的科学技术是保障特色农牧产品质量、提高市场竞争力和产品附加值的基础。农牧业的发展为城市提供了基本的物质生活保障和工业原料，城市也应发挥辐射作用，对农牧业生产技术的研发推广及基础设施建设做出有力的支援和保障。为此，需要充分发挥城市的科技优势，加大动植物育种、农业机械化、疫病防控、农业节水、农产品加工储藏等领域的技术开发与推广，培育专业化的科技人才支援农牧业生产，将科技优势转化为农牧业生产的经济优势。此外，完善的基础设施和高效的社会化服务体系也是特色农牧业生产顺利发展的重要保障。西部的新疆、内蒙古、青海均属于干旱半干旱地区，是我国的主要牧区与农业产区，这些区域要加大水利设施建设力度和节水技术的推广，尤其要重视城郊小型水利设施建设，以满足农业发展的需要。西藏、广西、云南等地的特色民族药、经济作物、园艺作物、果蔬业较为发达，应着力改善生产基础设施和综合服务设施条件，推进标准化生产，积极推进现代物流设施建设，引导农业服务向实体化、专业化方向发展。

第三，合理规划产业布局，优化农牧业生产环境。由于城市中心区域的人地关系紧张，城市的发展空间逐渐向城郊区域扩张，众多产业的聚集，需要科学合理的规划产业布局，才能减少不同产业之间的负面影响。因此，农牧业型城市需要合理规划农业用地、畜牧业用地，建立城市农业保护区，将城郊较为肥沃的土地或草场提供给农牧业生产，保护发展特色农牧业所必需的耕地、草场等，防止城市化发展对农牧业的过度冲击；农牧业用地远离工业污染源，或建立绿化带进行隔离；严格控制工业企业污染物的排放，征收较高的环境税用于支援农牧业生产环境建设。

第四，积极发展生态旅游和现代观光农业，提高市民的参与度。对于有条件的地区，发展生态旅游和现代观光农业，可以优化城市环境，提高城市居民对农牧生产的关注程度和参与程度。对此，韩国发展城市农业的一些经验值得借鉴。韩国积极发展市民参与型绿色农田事业，向市民提供绿色农业体验机会，以增进市民对农业的了解，将城市农业开发成为家庭休闲度假及市民生活文化的空间。例如，为退休老人建立专用农场，提供能够边享受自然，边劳动的工作机会，营造健康的老年文化；建立市民自然学习场和儿童自然学校，为市民和学生提供务农经验和自然植物学习等自然体验机会；建立绿色农业体验学习场，宣传农业环境的重要性，通过提供体验绿色农产品的机会，实施厨具卫生安全教育，向市民提供体验农业，了解城市环境的机会。

（三）旅游型生态城市

西部地区具有独特的自然风光、丰富的名胜古迹、浓郁的民族特色，旅游资源十分丰富，其中云南、贵州的国家级风景名胜区拥有量居全国前列，西藏、青海、新疆是我国自然保护区面积最大的省区，其旅游资源的类型结构与东部地区具有很强的互补性，尤以高山、峡谷、冰川、湖泊、草原、戈壁、沙漠化景观和民族风情特色最为突出。丰富的旅游资源为西部地区旅游业和旅游型城市的发展，奠定了雄厚的基础。

旅游型城市，就是指依托自然风光与人文历史等独特资源，能够吸引游客前来观光，并具备一定旅游接待能力，以景区景点为核心、以旅游产业为主体的城市。目前，西南、西北和青藏三大旅游板块的主要城市以及丝绸之路、香格里拉、三江源、青藏铁路景观带、北部湾旅游区、昆明—贵阳旅游圈等已成为西部地区的主要旅游地带，这些旅游型城市依靠自身的独特优势打造了许多国内外知名的旅游品牌，旅游业成为当地经济发展的支柱产业，典型的旅游型城市如贵州贵阳市、广西桂林市、云南丽江市等。

1. 城市特征：旅游业是资源产业，自然资源和人文资源是促进旅游型城市发展的原动力。旅游型城市以旅游业作为国民经济的支柱产业，并以特色旅游业带动相关产业发展，创造大量的就业机会，丰富第三产业体系，促进了城市经济结构的优化和民俗文化的发展。

2. 面临的问题：依托优越的旅游资源，西部地区已经形成了良好的旅游业发展氛围，一批优秀旅游城市的诞生和旅游品牌的打造，为西部地区的经济发展注入了新的活力。随着旅游资源开发的深入，旅游经济的发展与社会、生态环境等方面的矛盾开始显现，旅游型城市面临的问题主要表现在：

第一，粗放式的开发，造成景区生态环境的破坏。近些年来，一些旅游型城市受趋利动机的驱使，将旅游业发展简单化为数量型增大和外延型扩大再生产。粗放式的开发方式对景区生态环境造成了严重破坏。例如，在一些草原地区，旅游开发缺乏合理规划，旅游流的增加超出了草原生态环境的承载能力，草原植被遭到严重破坏，导致土地沙化，草原野生动物的生存环境和活动受到了干扰，也导致了环境美学价值的损失，景区的宁静度和舒适度降低，影响了旅游资源的永续利用，旅游型城市的可持续发展受到威胁。

第二，旅游服务水平不高，产业链条不完整。旅游业的发展，需要城市提供旅游交通、信息咨询、住宿餐饮、购物、金融服务、医疗救护、邮电通信等配套服务设施。由于第三产业发展滞后，西部地区一些旅游型城市服务设施不完善，制约了旅游业的发展。例如，西部边疆地区具有丰富的旅游资源，草原、湖泊、戈壁、沙漠景观具有独特的地域特色，但由于旅游交通不够发达，旅游交通的便捷性、舒适性、多样性较差，对客流的吸引力降低，成为制约旅游业发展的瓶颈。此外，一些旅游型城市过分依赖于"门票经济"，缺乏以产品升级和结构调整为内容的旅游产品创新，对相关产业的带动不明显，不能满足休闲旅游、度假旅游、商务旅游等旅游新需求。尤其是一些著名的旅游省区，旅游管理不规范，导游变导购，欺客现象时有发生，严重破坏了当地的旅游形象。

第三，城市环境保护设施不完善。由于旅游流在时空上相对集中，在旅游旺季和旅游热点、热线地带，人流的聚集使旅游污染集聚和堆积，特别是在一些环境保护设施不配套的旅游型城市，旅游产生的大量固体废弃物、污水等不能进行有效处置，造成城市居民生活环境的污染和恶化。

3. 建设路径：旅游型生态城市是西部旅游业发展的重要组成部分，建设旅游型生态城市需要从保护现有特色自然资源和人文环境出发，加强旅游品牌创建，延长旅游产业链条，带动相关产业发展，同时注重完善城市的环境保护设施建设。

第一，对旅游资源进行保护性开发。保持优良的生态和人文环境是旅游业赖以生存的基础，也是旅游型生态城市发展的关键。加强对生态旅游资源的管理与科学利用，确定合理的保护措施和开发序位，坚持先保护、后开发，建立科学、严格的管理制度和相应保护开发机制，是保障旅游型生态城市生态旅游资源永续利用的关键。为此，旅游景区的管理者要以提高资源利用效率为目标，降低景区污染物排放。充分评估景区的生态承载能力，合理规划旅游线路，同时加强游客对景区旅游资源的生态保护教育，引导和规范游客行为，让旅游资源永续利用的观念深入人心。

第二，加强旅游品牌创建。在巩固传统产品的基础上，推出新兴的旅游产品，如在传统观光游的基础上，设计开发休闲旅游、度假旅游、商务旅游、生态旅游等现代旅游产品，丰富旅游市场。此外，加速旅游专业人才培育，创立优秀旅游形象，塑造名、特、优旅游品牌，整合旅游营销思路，提升旅游文化内涵，改善旅游基础设施等，都是塑造旅游品牌的重要方面。为此，加快构建旅游人才培养体系和旅游人才素质考评机制，是提高旅游服务水平、做大做强旅游品牌的一项重要战略内容。

第三，带动相关服务业发展。旅游业是旅游者和旅游地旅游服务之间的中介，是一个由多行业组成的综合性行业，包括交通运输业、餐饮住宿业、娱乐业、旅游产品生产和销售业、信息咨询业、金融服务业等。旅游型生态城市要走可持续发展之路，必须以旅游业为龙头，发挥产业联动作用，带动相关第三产业发展，丰富城市第三产业体系，提高城市综合服务水平。此外，旅游型生态城市需建设完整的为旅游业服务的粮、油、肉、菜、果、茶等绿色食品基地，为旅游业发展提供强有力的物质支持，形成以旅游资源开发为龙头的"旅游—服务—旅游日用品生产"为一体的旅游产业体系。

第四，完善城市环境保护设施建设。旅游型生态城市的发展，一方面要加强服务设施建设，提高服务水平；另一方面须完善防治旅游业污染的城市环境保护设施建设，例如，对服务业产生的废弃资源实行回收，经过无害化处理和重新加工后再次被服务行业利用等。

（四）综合型生态城市

综合型生态城市，是指城市职能专业化不明显，行政、工业、商业、文化、交通等职能都较为完备的城市，通常是省会城市或其他规模较大、等级较高、发展成熟的城市，如内蒙古呼和浩特、青海西宁、新疆乌鲁木齐、西藏拉萨等。

1. 城市特征：综合型生态城市具有较完备的城市职能，通常是所在区域的政治、经济、文化、教育、交通和通信中心，是牵动所在区域经济发展的增长极；具有强大的人口集聚作用，人口密度大，周边农村人口向城市大量转移；第三产业相对发达，以人文景观为主的旅游业发展一般较好；由于城市规模的日益扩大，人口增多、产业集聚，交通拥堵、能源短缺、城市环境恶化等"城市病"开始出现。

2. 面临的问题：综合型生态城市的城市发展水平相对较高，城市功能较为完善，对所在区域经济社会发展具有重要的辐射和带动作用，但其自身在发展中也面临诸多问题：

第一，传统产业占主导地位，产业层次较低。在西部地区综合型生态城市的产业结构中，传统产业如采掘业、化工业、机械制造业、建材、纺织、粮油加工等产业仍占有主导地位。在第三产业内部，传统的住宿餐饮业、交通运输业、仓储业、批发零售业等占有较大比重，较高层次的金融业、保险业、房地产业、高科技产业则较为落后，影响了城市综合实力水平和现代化进程。同时由于企业创新能力较差，技术水平低，生产工艺较为落后，资源的利用效率不高，对环境的污染较为严重。

第二，城市发展缺乏合理规划，土地供需矛盾突出。在城镇化进程中，由于大量人口和产业向中心城区集聚，土地资源需求呈现出刚性特点，很多综合型城市的发展面临着用地空间越来越小、土地供需矛盾越来越大，土地对综合型城市可持续发展的制约作用十分突出。由于缺乏合理的城市规划，致使滥设开发区，过多占用耕地，盲目兴建大广场、大马路等奢华形象工程的现象在西部地区一些综合型城市时有发生，造成了土地资源的严重浪费，加剧了城市住宅用地紧张、交通拥挤、绿化用地不足等一系列问题的产生。

第三，城市环境污染日益严重。主要表现为工业生产带来的大气污染、固体废弃物污染、水污染，以及汽车数量增多带来的尾气排放污染、噪声污染等。

3. 建设路径：综合型城市作为所在区域的经济增长极，在生态城市建设过程中必须从区域发展的全局出发，以科学发展观为指导，将城市发展水平的提高与生态环境建设统一起来。努力建设自然生态系统良性循环、资源合理充分利用、绿色经济特色明显、人与自然和谐相处的城镇体系，使城市的发展建立在环境容量、自然资源承载能力容许和生态适宜的基础上，具体应注重做到以下几方面：

第一，依靠科技进步，调整和优化产业结构。产业结构布局不合理，是制约西部地区经济发展的主要瓶颈。要保持西部地区城市经济持续、协调、快速发展，只有依靠科技进步，即以高新技术为先导，增强技术要素在经济发展中的促进作用，实现产业结构的高级化和合理化。综合型城市应积极改变城市经济发展与生态环境建设相矛盾的现状，发展高新技术和环境无公害技术，改进生产工艺，推进企业清洁生产，建立城市循环型工业体系；严格控制高污染、高耗能、高耗水的产业以及开发区的盲目建设；在城市郊区发展生态农业，推进绿色食品的生产及深加工，保持各产业之间的产业链关系和合理比例，实现资源的综合利用，改善城市周边环境，缓解城市中心的生态压力；积极发展低耗能、低排放的第三产业，尤其是金融业、信息咨询服务业、技术服务业、文化教育、科学研究等高层次的第三产业。

第二，合理规划城市土地，提高土地资源利用效率。要以科学发展观为指导，加大节约用地、集约用地政策的宣传，积极转变传统用地观念，引导全社会积极参与到提高土地资源利用效率上来；严禁耕地、林地、生态湿地、城市绿化用地被随意占用开发；严格控制建设用地规模，防止城市建设用地无序蔓延；控制工业园区数量，加强工业用地、物流用地等建设标准的制定和实施，园区内工业用地要坚持高密度、高容积率的使用原则，提高土地单位面积的投入产出效益；因地制宜地制定盘活闲置土地和低效利用土地的政策措施，提高土地资源的利用效率。

第三，加强城市生态环建保护和建设。要完善城市生态环境与经济社会发展综合决策机制，区域开发、行业发展和城市建设，首先要进行生态环境影响评价，凡是可能造成生态环境严重破坏的项目，应从严评审，坚决予以否决；通过经济手段鼓励和吸引有投资及经营管理能力的国内外投资者参与城镇生态环境保护和建设项目的投资与经营；高度重视城市资源的合理配置和高效利用，如加大城市水资源的保护工作，加快污水治理工作步伐，提高城市公民的节水意识，把节约用水贯穿于城市经济发展和居民生活的全过程中去。

（五）小型特色生态城镇

1. 城镇状况：小城镇是乡村之首，城市之末，是区域发展中不可缺少的组成部分和重要的增长极。据统计，至 2010 年初，我国小城镇总数为 18918个，西部共有 4899 个，占全国小城镇总数的 24.72% 左右；全国城镇建成区面积平均为 32520.7 平方公里，平均房屋建筑面积为 1645064.1 万平方米，西部城镇建成区面积为 6560.5 平方公里，占全国小城镇建成区面的 20.17% 左右。多年来，西部地区小城镇建设从低速、波动、停滞逐步走向稳定、快速的发展道路。随着小城镇建设大力兴起，西部农村城镇化进入了高速发展时期，小城镇数量持续增加，规模不断扩大，对西部地区的建设起到了重要的带动作用。但是，由于西部地区大多自然条件恶劣，生存环境严酷，使得西部地区小城镇发展呈现两大主要问题：经济基础薄弱，发展动力不足。薄弱的区域经济基础，制约了西部城镇化的进程和小城镇的合理发展。一方面，众多由集市发展起来的小城镇缺乏现代工业基础和市场竞争力，难以起到激活当地经济的作用；另一方面，尽管在"三线"建设期间曾随着工业企业内迁而在西部建立和发展起了一批工矿军工型小城镇，但由于现代化的、先进的航天、航空产业与传统的、落后的农业并存，未起到推动当地经济发展，强化区域经济基础的作用，反而在一定程度上延缓了小城镇的建设和发展。另外，改革开放后，小城镇的发展动力更多表现在农村经济所焕发的活力，而大中城市对小城镇的经济带动力及影响力都不足，加上西部小城镇本来就自然条件差、经济基础薄弱，致使经济发展动力严重不足。

2. 面临问题：第一，发展以粗放型扩张为主。由于种种原因，西部小城镇在资源、技术、资金、劳动力等方面难以得到有效配置，发展多以粗放型扩张为主。从城镇经营上看，西部小城镇基本以粗放经营或掠夺经营为主，对资源的过度使用使生态环境遭到严重破坏并逐步恶化；从技术上看，西部小城镇在掌握现代科技知识上有客观难度，使得技术推广难度大，加之引进投资困难，不易走扩大再生产之路。

第二，小城镇空间结构不合理。西部地区小城镇大多内部功能分区凌乱，建成区和农业用地交错混杂，城镇外部景观混乱，内部卫生条件差，基础设施建设成本高，生态破坏严重；区域城镇体系中小城镇空间结构由于各种作用力的影响，往往疏密不同，大多数小城镇都沿主要交通轴线自然延伸，整体布局不甚合理。内部空间地域结构不清晰，外部区域分布混乱，制约了小城镇在区域经济中的增长极功能形成。

第三，小城镇基础设施滞后。西部地区小城镇建设起点低，整体水平不高，特别是由于筹资渠道单一，小城镇的道路、供电、供水等基础设施建设举步维艰，难以满足居民的生产和生活需要。一般来说，除了各县城关镇的基础设施相对完备外，县以下建制镇在供排水、供热、环境卫生等方面的建设基本处于空白或起步阶段。

总的说来，西部小城镇的发展受到诸多不利因素的影响，发展较其他地区落后，不仅制约了城镇化进程，也影响了西部的全面发展。

3. 建设路径：第一，西部小城镇的开发模式。改革开放以来，各地区充分发挥自身优势，抓住有利时机，走出了适合自身发展的小城镇发展之路，既增强了小城镇的经济实力，也形成了小城镇的发展路径，涌现出珠江地区的东莞模式、顺德模式、中山模式，长三角地区的苏南模式，温州模式等典型，为小城镇的发展树立了榜样。根据小城镇经济发展动力机制的特点，可以将小城镇发展模式归纳为外源型发展模式、内源型发展模式和中心地型发展模式三类，它们在区位条件，产业结构变动，对外联系强度等方面体现出不同的特征。

外源型开发模式：这是一种"自下而上"的发展建设模式，其经济发展动力主要来自于区域外部，以外向型经济为主导推动小城镇的工业化和城镇化。外源型地区主要以镇、村两级为主开展招商引资，发展生产性投资，规划和兴建各种开发区等。市、镇、村在经济上构成了明显的金字塔结构，越到基层所占经济份额越大。城镇建设以基层社区政府发动和农民自主推动为主，走的是"以建设带发展"的路子，城镇的土地开发效益和城镇建设水平主要取决于外资意图和镇、村基层政府的努力，因此，即使在相邻地区，其发展水平和建设风貌也存在较大差异。

内源型发展模式：是指依靠本地生产要素的投入来推动经济发展，以乡镇企业和家庭私有企业为主体进行本地的工业化和城镇化。此模式要求本地有丰富的农业剩余积累，能够为小城镇的非农化提供充足的资金投入和劳动力投入，或者该地区有手工业传统或工业基础，促使工业化能够迅速发展起来。另一种情况是小城镇受所在区域大、中城市的产业、技术、管理经验等要素的扩散和辐射，并通过本地的资金投入发展大中城市淘汰的产业，再把产品返销到大中城市。内源型发展地区的城镇化主要是本地人口的非农化，这是由于该模式的经济主体多以乡镇企业、家庭私有企业为主，企业的规模相对较小，对劳动力的吸纳能力也相对有限。

中心地型发展模式：是指以传统型经济为主的城镇化发展模式。该类型城镇作为镇域的政治、经济和文化中心，形成了比较明显的"中心—外围"结构，即绝大部分的工业和第三产业集聚在镇区附近，同时随着农产品的丰富和农村收入的提高，农副产品加工业、手工业和轻工业的发展逐渐开辟了供给市场和需求市场，城镇地方型传统工业逐步发展起来。

第二，西部小城镇的可选模式。特色农贸型：这种模式是东部地区"商贸带动型""农业发展型"与西部生态资源优势的结合，该模式充分发挥了西部地区自然资源丰富的优势，通过农副产品、资源加工和贸易带动了农村非农业的发展，提高了农产品的附加值，增加了农业收入。

基础工业型：这是一种依据西部地区所具有的部分优势产业，结合东部的工业推动型城镇发展模式。西部大开发有利于小城镇引进投资和技术，以及现代产业和企业制度的建立。西部小城镇以原有工业产业为基础，通过提升产品质量和品质，加强工业与小城镇经济的横向联系，围绕主导产业发展上、下游产品，促进高新技术在小城镇的推广和应用，实现真正的"工业强镇"和地方经济跨越发展。

资源产业型：西部地区矿产资源丰富，资源储量巨大，能源储量在全国占有重要地位。这些资源禀赋高的小城镇，应发展原料粗加工、细加工，运输业，资源再生和资源循环利用等产业，建立有特色的、精细化的资源产业链，同时注重环境保护和矿产资源维护，促进小城镇全面发展。

民族特色及边贸型：西部地区少数民族众多，民俗风情丰富多彩，以少数民族为主的小城镇应着眼于开发自身的特色，发展民族特需品、民俗旅游等产业，并加强对外宣传和联系。西部边境城镇可以开展边民互市，地方贸易，现汇贸易等边境贸易。依托边境贸易吸引和积累资金，增强小城镇的自我发展能力，并占领国内外两个市场，沟通国内外联系，带动地区经济和对外窗口建设。

旅游观光型：从自然景观来看，复杂的地形地貌赋予了西部得天独厚的旅游资源，从人文景观来看，西部各民族都具有独特的文化和传统。因此，有旅游条件的小城镇应该凭借丰富的旅游资源发展特色旅游观光，并以其为切入点，扩展旅游业连锁效应，延伸产业链，同时大力发展旅游服务业，通过提高服务水平和质量，达到对地方经济的带动作用。

近郊型：主要是在大城市周边，依托大、中城市，接受城市辐射，承担城市部分功能的卫星小城镇。这种小城镇是城市经济扩散的首选之地，城市产业结构调整升级过程中转移出来的产业，以及与城市工业相配套的产业将优先转移到这里，伴随着产业的转移，技术、人才、信息也将输出给小城镇，因而较好的地缘优势为卫星小城镇的优先发展创造了条件。

交通型：西部大开发中，国家将加大基础设施的投资力度，大量修筑公路、铁路和高速公路，一批交通枢纽型小城镇将随之兴起。这类小城镇产业的发展较少受到地域资源的限制，可以发展建材业、原料加工业、交通运输业、机械业以及服务性的第三产业，使之成为农村工业品、农产品的产地和集散地。

（六）城市群联动型生态城镇

1. 基本情况：一项统计资料显示，我国目前有 660 多座中等以上城市，小城镇更是数以千计，其中，西部地区就有重庆、成都、北部湾、滇中、关中、兰州、乌鲁木齐七大重点城镇群，占全国 19 个重点城镇群的 1/3 以上。

在 2010 年由中科院地理科学与资源研究所发布的《2010 年中国城市群发展报告》中，未来全国具有发展潜力的 23 个城市群里，西部地区为 10 个，几乎占比一半。这些城市群分别是：南北钦防、关中、天山北坡、兰白西、滇中、黔中、呼包鄂、银川平原、酒嘉玉城市群等。预计 2030 年西部城镇化率可达 65%，城镇人口将达 2.5 亿人，接近完成高度城镇化的历史任务，与中部一道实现就地转化 1 亿人口的目标。构建"150 座中心城市 + 800 座中小城市 + 1.4 万个建制镇和集镇"的城镇规模体系；形成以 30 个城镇群为基础组成的"四横四纵"西部地区城镇空间格局框架。

从西部城镇布局框架的建立看，按照全国城镇布局总体格局的要求，根据西部人口和城镇空间分布极为不均的现状，以城镇群为主要实现形式，建立基本全覆盖的城镇和城镇群网络体系。结合国家由 21 个城镇群组成的"两横三纵"的全国城镇群布局格局，在不打破行政区划界限、以地级市为基本单元和城镇影响力国土全覆盖等原则下，我们提出未来以 30 个城镇群为基础组成的"四横四纵"西部地区城镇空间布局框架。其中，"四横"包括津京包—包巴（巴彦淖尔）—阿拉善—哈密—阿勒泰线的西段，城市群（或区域）主要有蒙西城市群、天山南路城市群和新疆北部城市群；已经规划的陇海—兰新线西段，即西兰线和兰新线；沪成轴线西延长线，成都—玛沁—格尔木—若羌—和田—喀什，城市群（或区域）主要有成渝城市群、青东城市群、青西城市群、新疆西部城市群；沿海线继续西延，北海—南宁—昆明—楚雄—丽江—迪庆—林芝—拉萨，城市群（或区域）主要有北部湾城市群、滇东北城市群、滇西城市群、藏东城市群、藏南城市群等。"四纵"包括国家已经规划的呼（和浩特）昆（明）轴线，城镇群（或区域）主要有呼包鄂榆地区、宁夏沿黄河地区、关中—天水地区、成渝地区、黔中地区和滇中地区；巴（彦淖尔）—银川—兰州—成都—昆明，城市群（或区域）主要有蒙西城市群、宁夏沿黄河地区、甘中南城市群、成渝地区和滇中地区等；阿尔泰—乌鲁木齐—库尔勒—若羌—格尔木—那曲—拉萨，城市群（或区域）主要有新疆北部城市群、天山北路城市群、天山南路城市群、青西城市群、藏北城市群和藏南城市群等；阿尔泰—伊宁—阿克苏—喀什—阿里—日喀则—拉萨，城镇群（或区域）主要有新疆北部城市群、新疆西部城市群、藏北城市群和藏南城市群等。

2. 面临问题：同发育程度较高的长三角和珠三角等城市群相比，西部城市群目前处于城市群形成和发展的过渡阶段，整体竞争力在国内主要城市群中处于后位，以关中城市群为例，城市群的发展面临以下问题需要解决。

第一，中心城市首位度较高，城镇体系不健全。作为西部城市群龙头的中心城市西安市，综合实力不及东部沿海的上海、广州和北京，即使与周边地区的其他大区级中心城市相比也相对较弱，如西安市在人口和经济总量、经济平均规模和地均规模方面均滞后于郑州、武汉、成都三个城市。与关中城市群内其他城市相比，西安的城市首位度为5.8，明显高于长三角城市群（2.75）和珠三角城市群（3.73）的城市首位度。这是关中城市群城镇体系不健全的表现，它使得城市间的辐射受阻，在一定程度上削弱了城市群聚集作用的发挥。

第二，中心城市同外围县（市）的经济关联度不高。城市密集地区应是城市与乡村联系密切的地区，但关中城市群中心城区的辐射范围较为有限，未能辐射到现在所辖的县（市），反映了中心城区与外围县（市）的经济关联程度不高。原因在于，关中城市群中心城区产业结构中重工业较高，与周边乡村地区的产业无法实现有效对接，从而使得城乡二元结构得以固化。例如，陕西重汽在方圆300公里内的配套还不到30%，大部分都在省外。总体来看，关中城市群工业发展与周边乡村地区工业化之间还未能相互融合。

　　第三，老工业基地城市体制转轨负担重、压力大。同东部城市群不同，关中城市群中的西安、咸阳、宝鸡、铜川的发展虽得益于"一五"和"二五"时期国家的大量投资，但目前也成为典型的老工业基地城市，这些老工业基地城市往往意味着在计划经济时期建有相当多的国有企业，它们在为国家做出重要贡献的同时，也存在城市自身积累偏少，城市建设投入相对不足等问题，加上体制转轨和参与市场竞争过程中负担重、压力大，其自身的可持续发展已面临较大问题，对周边地区的辐射带动作用必然十分有限。

　　第四，节能减排及生态环境保护的压力大。经济高度发达，城镇和人口高度密集的城市群也是生态环境极易受到破坏的地区。从关中城市群看，工业结构中重工业比重超过73%，有色金属加工、建材、煤炭等行业在宝鸡、铜川、渭南、咸阳等城市占有一定比重，它们在促进经济发展的同时，也对生态环境产生了较大破坏。例如，关中地区的主要河流渭河水质严重污染，渭河关中段水质属劣五类，完全失去了水的功效。这一地区节能减排及生态环境保护的压力较大。

　　3. 建设路径：第一，提高经济国际化程度，增强中心城市竞争实力。在经济全球化进程中，城市的国际化程度是其竞争力高低的重要影响因素。作为城市群龙头的西安，需要进一步提高其经济的国际化程度。在做好西安出口加工区物流功能试点的基础上，争取建立西安保税区，增强西安的对外开放与贸易功能。同时，顺应国外服务业外包业务加快的趋势，依托西安高新技术产业开发区和西安软件园，扩大西安承接外包服务的规模，并带动西安信息、金融、保险、会展等生产性服务业的发展。

　　第二，强化节点功能，促进城镇体系完善。积极推动宝鸡和渭南东西两个次级中心城市物流产业的发展，强化其枢纽功能。提升杨凌示范区地位，弥补西安至宝鸡的城市链条中存在的"塌陷"环节。杨凌国家农业高新技术产业示范区设立以来，对这一地区形成新的区域增长点发挥了重要作用。但由于辖区范围小、受行政建制约束以及经济规模有限等因素的影响，杨凌示范区对于周边地区的带动作用十分有限。因此，在争取杨凌设市的同时，可将杨凌及周边的扶风、眉县及武功县按以杨凌为核心的经济区或复合型区域中心进行统一产业布局，克服这四个地区规模小、功能单一的弱势，发挥其距离近、区位好、利于相互取长补短的综合优势，推动西安—宝鸡中间地带的发展。

第三，提高科技创新能力促进城市振兴。借助"一带一路"建设机遇，利用关中城市群自身科技资源丰富、研发水平较高的优势，依托西安高新技术产业开发区、杨凌农业高新技术产业示范区、西安阎良国家航空高技术产业基地、宝鸡高新技术产业开发区以及咸阳高新技术开发区，加强科技创新平台建设，增强企业自主创新能力，促进科技成果转化，带动产业升级，推动城市振兴。

第四，加强对中小企业支持，促进城乡联动发展。同东部沿海地区相比，乡村工业化进程滞后是关中城市群城乡联系不紧密的重要原因。因此，在促进现代制造业和高技术产业发展的同时，需要对包括乡镇企业在内的中小企业发展给予足够重视，促进中小企业发展的政策中把农村中小企业纳入支持范围，给予金融、财政补贴、劳动力培训、市场网络建设及必要的公共基础设施建设等方面的支持。

第六章 西部生态化城镇的建设路径

一、生态化城镇建设的动力机制

（一）概念界定

"机制"一词来源于希腊文，其英文单词是"mechanism"，指的是机器的构造和运作原理，即机器内部各组成部分之间相互联系，以及实现机器运转功能的原理及方法。后来，该词逐渐应用到其他领域，借指事物内在工作方式，包括有关组成部分的相互关系及各种变化的相互联系。

在医学和生物学科领域，机制是表示生物有机体各种器官和组织如何有机结合在一起，通过各自的变化和相互作用，产生特定的功能。在经济学领域，机制是指经济组织或经济系统内部和外部各要素、各部分及各环节的相互推动、制约关系，以及组织或系统运作的原理，泛指某一经济现象解决的带有规律性的原理与方法。

城镇化的动力机制，指的是推动城镇化所必需的动力的产生机理，以及维持和改善这种作用机理的各种经济关系、组织制度等所构成的综合系统的总和。

（二）传统城镇建设的动力机制

传统城市（镇）建设的动力机制指由政府和居民等城市建设主体推进，农村向城市转型和城市建设的动力源及其作用机理、过程和功能。动力源主要包括两方面：一是内在动力，即城镇建设的推力系统；二是外在动力，即城镇建设的拉力系统。推力系统和拉力系统通过激励和约束共同作用，推动城镇建设。回顾我国城镇化建设的发展历程，尽管影响城镇建设的因素随着时代的变革经常发生一些变化，但总的来说其动力机制中推力系统由经济推动力、人口能动力构成，拉力系统主要由政府行政力、科技支撑力、制度调控力共同组成。

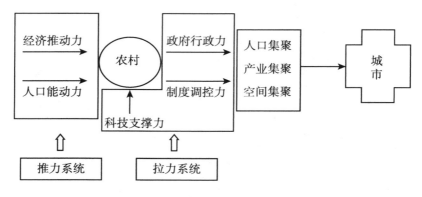

图 6-1　传统城市建设的动力机制

1. 经济推动力。城镇化—经济增长加速—就业机会增长—城镇化水平提高，是城镇化良性发展的必由路径，其中经济增长速度是决定城镇化进程的关键因素。经济学家保罗—贝洛克从经济总量增长与城市化的相关关系，钱纳里从人均 GNP 与城市化水平之间的关系，库兹涅茨从产业结构高级化与城市化之间的数量关系等方面进行的研究表明，经济因素是推动城镇化的主要动力。美国的城市化实践也证明：近百年来，美国城市发展与经济增长之间呈现出非常显著的正相关关系，经济发展程度与城市化阶段之间有很大的一致性。概括地说，主要包括工业化推动、第三产业的发展、比较利益的驱动、资本的基础作用等几个方面，其中工业化是城镇化的"发动机"，第三产业的发展是工业化后期城镇化的后续动力，比较利益是城市化发展的基本动力，资本是城市化推进的主要动力源泉。

2. 政府行政力。中国城镇化的进程表明，政府行政手段是推动我国城镇化的重要力量。目前我国对城镇化进程有较大影响的行政手段主要有：一是户籍管理制度。户籍管理制度是国家对人口实行有效管理的一种必要手段。政府通过户口迁移制度、粮油供应制度、劳动用工制度、社会福利制度、教育制度等，影响着城市化进程。二是行政区划调整。近几年我国行政区划调整变更事项主要包括大中城市的市辖区调整、撤地设市、政府驻地迁移、政区更名等内容，其中市辖区调整和撤地设市占了 90% 以上。科学、合理调整行政区划，不仅有利于扩大经济发展空间，而且有利于促进产业结构合理化，加快城市化进程；三是政府投资。政府投资主要投向城镇基础设施和市政公用事业，对城镇化进程有着重大的影响。

3. 科技贡献力。随着科技的发展，其在经济和社会生活中的作用日益加大，深刻地促进着产业集聚及产业结构的转换，影响着城镇化进程。可以说，技术进步是城镇化发展的原动力。据统计，发达国家科学技术对城市经济增长的贡献 20 世纪初为 5% ~20%，中叶为 50% ~60%，到 90 年代为 60% ~80%。科技进步对城市经济增长的贡献已明显超过资本和劳动力。

4. 人口能动力。人口是城市化过程中最为能动的因素，它往往跟经济、制度、政策等因素交互作用推动城镇化进程。改革开放以来，中国的城镇化进入到发展阶段，此阶段，乡村人口推力—城市人口拉力机制作用下的乡村人口迁移成为实现人口城市化的基本途径。其表现一种是"离土又离乡"，即农民向城市尤其是大中城市集中，成为滞留在城市中心区或城乡结合部的流动人口群体，提高了城市化实际水平，加快了城市化进程。另一种是"离土不离乡"，即通过在农村大力发展乡镇企业而就地解决和吸纳大量的农业剩余人口，迄今为止，中国已有 1.2 亿多农业人口顺利转向乡镇企业和小城市，这种分散的非农化将导致集中的城市化。此外，人口的文化素质、思想意识和劳动技能等也会对城市化过程产生推动力，一方面是随着人们生活水平的逐渐提高和价值观念的不断变化，其居住区表现出向郊区迁移的趋势，从而对城市化进程产生重要影响；另一方面，劳动力的素质、观念、技能等又会影响到区域经济的发展，进而影响其城市化过程。

5. 制度调控力。制度因素是经济发展的关键，有效率的制度安排能够促进经济增长和发展。城镇化作为经济增长和社会结构变迁的必经过程与制度因素密切相关，这一过程描述了人类社会经济组织及生存地在制度上由传统的制度安排（村庄）向新型的制度安排（城市）转变。一般来说，制度因素在城镇化进程中的核心作用主要体现在以下几个方面：一是通过有效率地推进农业发展的制度安排，促进农业生产效率和农业产出水平的提高，使得农业部门在再生产过程中能产生农业剩余（产品剩余、资本剩余和要素剩余），为非农产业和城镇化发展提供推力；二是通过有效率地推进工业、非农产业发展的制度安排，促进国民经济的工业化和非农化，从而为吸收农业剩余创造必要的拉力；三是通过有效率的经济要素流动制度安排，使农业部门的要素流出推力（在开放经济中，还包括外地过剩要素进入的制度安排）和非农业部门的要素流入拉力聚合成的合力；四是通过有效率地推进城市建设的制度安排，促进城市基础设施和城市房地产开发，以满足城市非农产业和人口集聚的现实需要和不断增长的需要。此外，制度变迁和创新，如经济要素流动创新、农地制度创新、企业制度创新、城市建设投资制度创新、户籍制度及城市居民居住、择业、保险、子女就学等方面的制度创新，都显示出制度因素对城镇化的重要调控作用。

（三）生态化城镇建设的动力机制

1. 生态化城镇建设模式的转变。生态化城镇是一个组成系统众多、结构复杂、运行复杂的系统组合，其追求的就是在一定约束条件下系统组成因子的整体最优，而并不是各个系统的最优。生态化城镇建设是当今世界各国共同的追求，目前在世界范围内已经掀起了轰轰烈烈的建设实践，但还没有多少成功的范例，仍在不断地探索之中；生态化城镇的建设是城市发展的一次革命，它要求在城市政治、经济、文化、社会、环境等领域都要创新，是一种系统的创新活动，也是 21 世纪最宏大的创新工程。

传统城镇建设模式是建立在工业文明时代的价值观念和技术进步基础上，是人们针对工业文明发展带来的各种城市问题的被动的反应，是一种短期的、片面的发展模式；生态城市建设模式是建立在以人为本的理念上，在生态文明与生态价值观指导下，追求实现人与自然、人与社会的共生发展，是一种长期的、可持续的发展模式。具体讲，生态城市建设模式区别于传统城市建设模式。主要体现在：

城镇建设模式，由自生走向共生：传统城镇建设是一种被动的发展，是一种自我的发展。当城市发展过程中出现诸如环境恶化、经济增长方式粗放、浪费严重、贫富差距加大等问题时，只会被动地应对和解决，但解决问题的方式又是片面的，不是全面地促进经济、社会、环境、政治、文化等系统的协调发展，因而是一种自生发展模式；生态化城镇建设既是对物质层面上的经济生态系统和政治、文化生态系统进行有机的更新，又要建设合乎生态学理论的社会生态系统和自然生态系统，在城市中人与自然、人与人以及各个子系统之间建立一种互相平等、和谐共生的关系。生态化城镇的各组成系统沿着共同进化的路径运行，实现共同激活、共同适应、共同发展的合作与协调关系，是一种共生发展模式。

人与自然的关系，由对立走向和谐均衡：传统城镇建设中种种问题的出现，导致经济、社会、环境、政治、文化等系统的不协调，从而限制了城市的可持续发展。这主要是由于自然界内在和谐受到严重损害，人类不尊重自然规律，疯狂掠夺自然资源，破坏自然环境造成的。生态化城镇建设是建立在生态与经济并重，人与自然、人与人协调发展的理论之上，不断提高自然界的内在和谐和与人类的和谐。

系统观念，由局部走向整体：传统的城市建设主要追求 GDP，强调经济的增长，忽视了城市社会、政治、文化、环境的发展，也导致了生态环境的破坏与资源的枯竭，是局部的发展，也是一种短期的发展；生态化城镇建设强调整体的发展，包括对区域内的社会、经济、环境、政治、文化等方面进行的全面把握与平衡。在城镇的整个建设发展过程中，社会的全面进步是发展的根本目标。经济增长与效益的提高是发展的途径和手段；政治民主、文化创新是发展的保证；自然环境是促进整体发展的基础。

建设目标，由单目标走向多目标：传统城市建设中往往是单一目标，而且呈现出阶段性和短期性，经济发展落后时，追求经济增长，环境质量变差时，改善环境质量，社会问题突出时，进行社会综合治理。从发展历程看，追求经济发展是长期的目标。一般来说，不同的目标之间常常是相互冲突，片面追求经济增长目标或环境质量目标，必然要以牺牲其他利益为代价，追求社会的和谐和环境的改善势必影响经济的增长。因此，生态化城镇建设要改变这种单一目标的格局，实现政治民主、经济高效、社会和谐、环境优美和文化创新等整体性的多目标发展，因而是一种可持续的发展。

2. 生态化城镇建设的动力机制。生态化城镇建设是不同于传统城镇建设的一种更高层次的城镇建设活动，它追求政治、经济、社会、文化、环境五位一体的全面、均衡和可持续发展。系统论原理指出，任何系统的良好运行和发展演进，都必须获得足够的动力和科学的动力机制。因此，推进生态化城镇建设，必须找准并切实解决好动力机制问题。

动力机制的内涵：生态化城镇建设的动力机制是指，政府、组织和居民等建设主体建设生态化城镇的动力源及其作用机理、作用过程和功能。动力源是推进生态化城镇建设的推动力量，包括内在动力源和外在动力源。其中，内在动力源包括追求生态化城镇的建设目标及探索生态化城镇建设道路两个方面，它是生态化城镇建设的内在要求与核心诉求。外在动力源包括环境承载力、资源压力等约束力；文明进化、可持续发展要求等驱动力；国家发展战略导向、政策支持、法制保障等政策力；生态技术创新支撑力及国内外生态化城镇建设成果的吸引力等，它是建设生态化城镇的外部要求及环境条件。

动力机制的作用：一般来说，内源动力是生态化城镇建设的内因，外源动力是生态化城镇建设的外因，按照马克思主义哲学的观点，内因是事物发展变化的根本，外因是事物发展变化的条件，外因通过内因发挥作用。因此，生态化城镇建设动力机制的作用机理就是：在内外动力源的相互作用下，生态化城镇的建设主体通过确立建设理念，设定建设目标，制定建设制度，选择建设手段，营造建设文化，在发挥市场机制在资源配置中的决定作用的同时，积极发挥政府在宏观调控、政策制度设计和利益协调中的关键作用，不断按照生态化城镇建设的要求调节自己的建设行为，精准推进政治生态化、经济生态化、社会生态化、文化生态化和环境生态化，建设五位一体的稳定、均衡、可持续发展的新型生态化城镇。

3. 生态化城镇建设的动力机制模型。我们已对生态化城镇建设的动力机制及作用机理、生态化城镇建设的内在动力源和外在动力源分别做了简单分析，实际上，内外动力源包含的各种因素在对生态城市建设产生影响的过程中不是孤立的，而是相互联系相互影响的：只有内外在动力源形成合力，生态化城镇建设才能实现；另一方面，在不同时期或不同的地区，内在动力源和外在动力源对生态化城镇建设所起的作用也不相同。在生态化城镇建设的初期，人们建设生态化城镇的要求非常迫切，热情相当高涨，内在动力源可能会起相当大的作用。而在其他时期，政府的政策力将是推进生态化城镇建设的第一外在动力，具有决定性作用。因此，生态化城镇建设的动力机制模型可以概括如下：

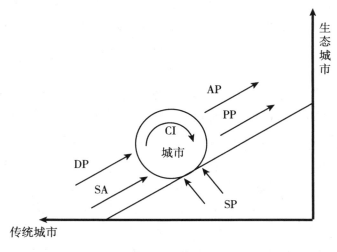

图6－2　生态化城镇建设的动力机制模型

在图 6 - 2 中：

AP——Attractive Power 为成果吸引力

PP——Policy Power 为政策力

DP——Driving Power 为驱动力

SA——Sanction 为约束力

SP——Support Power 为支撑力

CI——Cointerest 为共同利益

各因素之间的关系可用公式表示为：EC = f（CI，AP，PP，DP，SA，SP，T）

［式中：EC（Ecologycity）——生态城市］

从式中可知，如果把生态城市看作是一个函数式，那么生态城市建设要受到三方面因素的影响：内在动力机制因素（CI）、外在作用机制因素（AP，PP，DP，SA，SP）和时间（T）。生态化城镇建设动力机制模型主要内涵包括以下三方面：

第一，不同建设主体实现各自利益目标是生态城市建设的内在动力。对于政府来说，指导生态化城镇建设是政府不可推卸的职责和紧迫任务。当前，在环境恶化、资源短缺、生态危机的现实面前，城市建设压力相当大，走转型发展，探索新的城镇发展模式非常迫切。同时，生态化城镇建设也为政府职能转变，考评体系创新，工作作风转变，公共职能完善等提供了良好的发展机遇，因此政府对生态化城镇建设的积极性相当高，愿望非常强烈；对于组织来讲，各类企业及各级社会组织是生态城市建设的主力军，因为生态效益、政治效益和经济效益是他们追求的目标，同时生态化城镇良好的环境也为其发展提供了更好的平台；对于居民来讲，建设生态化城镇是改善居民生存环境，优化发展环境，提高宜居水平，提升幸福指数的共同诉求。因此在生态化城镇建设中各主体为达到自己的目标，会创造出积极的动力与激情。

第二，AP、PP、DP、SA、SP 五个外在动力机制因素可分为两类。一类是推力，另一个拉力，在推力和拉力共同作用下，生态城市建设就会实现，其中成果吸引力 AP 是一种典型的拉力，它是生态城市建设最直接、最明显的诱因，也是生态化城镇建设的主要动力之一。成果的经验与教训为后续的生态化城镇建设节省了时间，避免了走弯路，同时为生态化城镇的创新提供了思路。约束力 SA 起着推力的作用。由于资源短缺、环境恶化使得城镇建设必须改变原有模式，探索新的发展模式，否则，城镇建设进入恶性循环。对企业来讲，生产成本、环境成本不断上升，压缩了企业的利润空间；对居民来讲，会失去宜居的生存环境；对政府来讲，无法向上和向下交代。生态城市建设一方面要解决资源短缺、环境恶化、生态危机的现状；另一方面要求我们要利用最少的资源，创造最大的效益。支撑力 SP 是生态化城镇建设的催化剂和加速器。知识与技术的进步与创新是生态化城镇建设的重要支撑，生态化城镇建设会不断产生多方面的新需求，这些新需求也总能在不久之后找到技术支撑，技术和需求在生态化城镇建设过程中总是居于活跃的领导地位。政策力 PP 主要是激励作用。这种激励作用分为正向激励和负向激励两种。正向激励就是政府运用财政补贴、优惠贷款、物价补贴、财政贴息等财政金融政策，引导建设主体走生态化道路；负向激励就是政府对造成环境污染、生态破坏等行为采取征税等手段将环境污染导致的外部成本内部化，鼓励生态化的经营与发展。驱动力 DP 主要起推力作用。随着人类文明的进步，观念的更新，思维的开拓，人们主动要求改变现状的期望不断加大，在行动上就会表现为推动生态城市建设。

第三，在不同时期动力源对生态化城镇建设的作用也不相同。由于生态化城镇建设建设历史较短，现阶段我国生态化城镇建设的利益驱动机制还不明显，市场需求的拉动作用虽在逐渐增强但效果依然不明显，更多的是依靠政府行政力、政策力的激励在推动生态城市建设。因此，必须根据生态城市建设的动力机制模型的内在要求，积极主动地采取相应的对策，从内外两方面调动生态化城镇建设的积极性，加快建设进程。

二、西部生态化城镇的建设方向

（一）西部生态化城镇建设现状

近年来，西部地区生态城市建设取得了一定成效。但在人口、环境、资源压力等因素制约下，也出现了许多亟待解决的问题，主要有：

1. 城镇生态建设没能形成"自觉意识"。生态城市建设应秉持的可持续发展理念还没有成为城市建设主体的自觉意识和行动。公众参与生态城市的主要形式仍然属于政府倡导下的被动参与，参与的内容主要局限于宣传教育方面；参与的过程主要侧重于事后的监督，事前的参与不够；从参与的效果来看，流于口头的多，见诸行动的少。

2. 城镇生态建设缺乏"个性与特质"。新型城镇化建设正在迅速发展，城市规模也在不断扩大，城市的现代化气息也日益浓厚。但城市的生态、人与自然的和谐关系没有与本地特有的城市空间和特定环境结合，没有形成适合当地实际的鲜明生态特色和个性。一些地方片面追求城市的整齐划一和观赏效应，未能展示地方特色和"韵味"，一些原来颇具地方特色及民族特色的城市，正在被同质化和同一化的新建筑所淹没，忽略了城市生态系统的和谐性，城市文化品位没有提高。特别是一些地方政府往往忽视城市内在"质"的塑造，更多的是注重城市外在"形"的提升。更有一些地方政府为了追求政绩，一味地着眼于城市美化亮化，没有突出城市生态和个性发展的主题，甚至破坏了原有的自然生态，营造了越来越多的人工复合生态系统，从而使城市有气息无生机、有拓展无内涵、有发展却难以和谐的局面。

3. 城镇生态建设缺乏"可持续性"。城市生态建设是一个循序渐进的过程，但目前绝大多数城市都存在"急进化"的迹象。出于眼前利益的考虑，城市建设往往未能从长远和可持续发展的角度来谋划，总是"改造一块划一块、建设一块拆一块、建成一块留一块"，走一步看一步，缺乏城市改造的整体性、长远性和生态的可塑性。尤其对于城市具有自身典型特色的地段及一些历史遗存的城市文化保护意识不强，导致自然景观被破坏，传统文脉被割裂，延续的肌理被肢解，有机的秩序被打乱，影响了城市综合生态效益的发挥。

4. 城镇生态景观多现"虚拟化"。近年来，一些地方在城市绿化环境建设上取得了令人瞩目的成绩，人均公共绿地面积和绿地率均有很大的增加和提高。但片面强调绿化的装饰效果，破坏了原生态动植物食物链，扭曲了城市绿化植被的生态功能，淡化了城市绿化的生态效益，在绿化方面甚至出现千城一面，似曾相识的"虚拟化"景观，失去了绿化的生态价值。

5. 城镇生态工业建设未实现"清洁化"。城市中心地带往往是工业企业的城市环境污染源，由于一些城市工业企业科技含量低，工艺设备、技术路线落后，传统的先污染、后治理理念阻碍了城市生态环境建设进程，致使清洁化生产程度低，工业污染严重。近些年，一些地方采取措施治理工业对现代城市生态环境的影响，但力度不够，不能彻底地改变"三废"对城市发展的影响，但又不能让污染源离开城区又去污染郊区。

6. 城镇生态河道整治中的"硬伤化"。一些城市一直比较重视内河环治理，相继开展了内河水系整治工程等，建设了一些沿河沿江绿化和生态景观。但由于生态规划滞后、循环经济意识不强等原因，城市河岸往往被硬渠化，多采取拓宽河道、截弯取直、水泥衬底、石砌护坡、高筑河堤等传统工程措施，使河道景观看上去整洁漂亮，但也人为割断了土地与水体的自然生态交换，致使规划建设的城市河岸功能单调，人工痕迹突出，难以体现河岸的综合生态功能。

（二）西部生态化城镇的建设思路

1. 把培育生态文化作为建设生态城市的先导工程。生态文化是以人为本，在把人作为社会发展的价值主体的前提下，将保护生态环境、节约自然资源、废弃物资源化利用等摆在更加重要的位置，努力培育生态、环境、资源相协调，人与自然和谐共生的人类新文化，其基本框架是一种基于生态意识和生态思维为主体构成的文化体系。具体来说，生态文化首先是一种价值观念，不仅强调人的价值，也强调其他生命和自然界的价值。在生态文化视野中，强调人与自然的和谐共生，而不是征服自然、凌驾于自然之上。其次，生态文化也是一种伦理观念，强调既对自己负责，又对他人负责；既对当代负责，又对未来负责。再次，生态文化更是一种思维方式，强调用系统论的观点，用相互联系、相互作用的方式思考人与自然的关系。最后，生态文化在实践中是一种行为准则，强调以绿色为理念，推行绿色生产、绿色生活和绿色消费方式。由上可见，生态文化是一种全新文化形态，代表文化发展的一个最新取向。要建设生态城市，就应把生态文化作为主导文化，把生态意识上升为国民意识，倡导生态伦理，确立生态规制，树立生态行为方式，把生态文化渗透到城市建筑、企业发展、市民行为、社会风气、城市精神等方面。唯有这样，才能确保生态城市建设导向准确、基础扎实、保障有效、动力强劲、充满旺盛的生机和活力。

生态文化应该是生态城市建设的一项先导工程和灵魂工程。但在实际上，城市建设中的生态文化相对滞后，主要表现在生态文化远未普遍植根于广大市民思想观念之中，相当多的市民对生态文化处于不自觉的无知状态。即使在政府官员中，也有不少人的思想观念仍然停留在传统工业文明时代，"重经济轻环境、重速度轻效益、重局部轻整体、重当前轻长远、重利益轻民生"的发展观、政绩观、价值观在一些人心中仍占主导地位，有些城市还在不惜以牺牲生态、环境为代价追求 GDP 的高速增长。显然，若不破除种种陈旧的传统文化观念，代之以充分体现科学发展观的生态文化观念和行动方式，生态城市建设就很难迈出大的步伐。由此看来，我们必须把培育和弘扬生态文化作为生态城市建设中的大事要事抓实抓好。我们认为，培育生态文化应注意以下几个问题：一是明确弘扬生态文化的基本要求。根据目前生态城市建设的客观需要，必须以生态文明为指导，创新思路、转变观念，牢固确立科学的自然观，可持续的发展观，节约型的资源观等三位一体的生产观，培育健康理性的消费观，纠正走偏的政绩观等。只有这几个带根本性的观念确立了，认识飞跃了，生态城市建设才有巨大的推动力、理论依据和技术支撑，才能跨入生态城市建设新时代。二是认清建设生态文化的关键在于加强生态文化教育。生态文化不是与生俱来的，要靠灌输和教育。比如要加强生态文明观念教育，揭示建设生态城市历史必然性和重大意义，增强广大市民建设生态城市的自觉性和主动性，大力推动生态科技进步；加强生态伦理教育，帮助市民全面增强生态伦理责任感，自觉承担起保护环境、维护生态平衡的道德义务；加强生态法制教育，帮助市民理解和掌握各种保护自然、保护环境的法律法规，自觉践行生态规律，维护生态秩序。可以说，生态环境教育开展得越扎实，生态文化建设的成效就越显著，对生态城市建设的推动力就越大。三是善于学习借鉴世界各国生态文化中的科学合理成分。世界是一个由多种民族、多个国家组成的大家庭。每个民族都有不同的民族文化，比如独特的道德信仰、不同的生活习惯和思维方式。因此每个国家和地区的生态文化都有着鲜明的民族特色，应该相互尊重、相互包容、相互借鉴优秀元素；另一方面，生态文化作为现代文化发展的最佳模式，它充分反映和体现人类经济、社会、生态发展的内在规律，是一种需要各个民族都接受和培育的先进文化。基于此，我们在推进生态城市建设中，既要立足国情，大胆创新，不断充实、完善生态文化的内涵，又要解放思想，以开放的胸怀认真学习借鉴世界各国生态文化中所包含的先进理念、制度体制、经验做法，采取拿来主义，为我所用。

2. 把塑造生态行为主体作为建设生态城市的关键环节。一个城市的生态文明建设，有赖于该城市生态行为主体的觉醒和行动。一般而言，生态城市的建设主体可分为城府、企业、公众三大类。这三大行为主体在生态城市建设中虽处于不同地位、扮演着不同的角色、承担着不同的责任，但生态城市建设的实践过程中却有一个共同的要求：它们的行为方式必须遵循生态城市建设的内在规律，做到行为规范、推进有序、彼此协调、相互配合，因为这关乎生态城市建设的成败。因此，树立生态意识、构建生态政府、打造生态企业、培育生态市民，让各自行为既各得其所、各展其能，又不偏离生态城市建设的正确方向，有所为，有所不为，尽最大努力扮演好自己的角色，三大行为主体才能步伐一致，同心协力推进生态城市建设，生态城市建设也才有美好的希望和光辉的前景。

那么，如何培育政府、企业、公众三大行为主体？我们认为，就政府来说，政府是建设生态城市的领导者和组织者，是生态城市建设的第一责任主体，处于主导地位。生态城市建设的规划制定、政策设计、制度安排要由政府主导，生态城市建设中重大工程、重大推进活动要由政府来组织和安排，生态城市建设中出现的各种矛盾纠纷、诸多利益关系也需要政府来协调，无疑，政府在生态城市建设中起着直接的主导作用，是生态城市建设的主要设计师。现实情况表明，哪个城市的政府主导作用发挥得好，哪个城市生态建设的力度就大、速度就快、成效就显著，反之亦然。因此，政府作为生态城市建设的第一责任主体，要努力成为生态政府，充分发挥主导作用。一是必须科学制定生态城市的建设规划和环境生态政策体系。规划是生态城市建设的龙头，可由政府牵头，利用社会资源，实行专家和群众相结合的办法，全面系统地规划设计好生态城市建设方案。与此同时，政府还应切实抓好生态城市建设重大政策制订、重大生态工程的策划、重大工作的落实，对诸如生态产业发展、节能减排、环境保护等全局性问题，更应直接抓在手上，着力推进实施。二是建立以市场机制为主导、企业为主体、政府实施调控的生态环境治理机制。如应建立污染治理的法规体系、质量监督机制，优化税收体系，合理确定收费标准，建立和完善环境准入、环境淘汰和排污许可证制度，等等。三是建立和完善一套完整、严密、可操作的执法监督体系，包括严格的法规制度、训练有素的执法队伍、行之有效的执法手段，以杜绝一切环境违法行为。此外，为了确保政府行为主体的行为规范、有序，还必须强化对政府官员的生态责任考核，把环保实绩纳入干部考核范围，作为提拔干部的重要依据。

就企业来说，从事物质生产活动的企业既是资源、能源主要消耗者，环境污染的主要责任者，同时又是生态环境保护者。企业的生产经营行为与生态城市建设的关系十分密切，在生态城市建设中的地位十分重要。如果企业行为与资源、环境关系处理得好，就会有力和有效地推进生态城市建设，否则，就会给生态城市建设带来包袱、带来负担。因此，端正企业行为，努力使企业转变经济发展方式，打造生态型企业，培育生态产业，就能为建设生态城市奠定坚实的微观基础。理论分析和实践情况表明，要让企业行为规范、有序，与生态城市建设要求相适应，重点可在以下三个环节上加以引导。一是要引导企业的消费行为。企业的消费，一方面可刺激生产，拉动经济增长；另一方面又可能浪费资源、污染环境。如果采用过度的、不计成本和后果的消费，最终势必导致资源枯竭、生态破坏和环境污染，这种消费显然无益于生态城市建设。所以，我们应通过各种措施，引导企业适度消费，努力节约资源。二是要引导企业生产行为。对生产型企业而言，生产过程的每个环节都可能产生废水、废气、废渣或噪声等污染问题。解决这个问题的根本途径是引导企业发展循环经济，实行清洁生产。清洁生产是促进人与自然和谐，实现可持续发展的必由之路。我们应从压力和动力两个方面打造激励机制和约束机制，使企业在清洁生产上下功夫，使污染的产生量、流失量、治理量达到最小，资源利用率达到最大。三是要引导企业的环境行为。企业的环境行为是指企业将其外部环境不经济性内部化所采取行动的外在表现。随着这几年企业生产的快速发展，企业的消费、生产行为对生态城市建设的压力越来越大，社会对企业行为的要求和监督越来越严。政府应努力营造一个良好环境，在全社会形成一种以保护环境为荣、损害环境为耻的氛围，并通过其他经济的行政和法律手段，引导企业由消极环境管理向积极环境保护转变，主动承担保护环境的责任，主动打造环保品牌，环保产品。

再以公众来说，城市的生态文明不会自发产生，必须要有公众广泛参与。公众即城市的市民，是建设生态城市的主体基础。作为生态城市建设的直接参与者，市民的素质和行为对生态城市建设的影响极大。人是保护和治理生态环境最能发挥作用的一个力量。如果一个城市的市民都能成为生态市民，生态城市建设也就有了广泛而坚实的群众基础，强大而又富有创造力的支持力量，这样，在生态城市建设道路上，什么困难都能克服，什么障碍都能排除。所谓生态市民，是指既具有强烈的生态文明意识，又积极致力于生态城市建设的现代市民。

　　由传统市民到生态市民，这是一个脱胎换骨的过程，需要从多方面加以培育。一是要强化教育引导。广泛开展贴近实际、贴近生活、贴近群众的生态科普宣传，转变市民的生态观念，增加生态文明知识，了解生态保护的法规政策，明确生态城市建设战略意义等，从而以高度的观念确保行动的清醒。二是要组织引导市民积极参与生态城市建设的实践。可采用网络、媒体、听证会、公示等多种方式，在生态城市的规划、管理、监督和治理等多个方面不断扩大市民参与生态城市参与的范围和参与的程度，突出市民参与在生态城市建设中的地位和作用，从而在参与的实践中提高市民的生态素质，进而用符合生态文明的方法去改变自己的行为方式。三是抓好典型。积极开展生态文化、生态社区、生态乡镇、生态学校等评比活动。对生态城市创造中涌现出来的先进典型，政府应及时加以总结表彰，使大家学有榜样，赶有目标。

　　3. 把节约资源和优化环境作为建设生态城镇的主攻方向。节约资源、保护环境是现阶段建设生态城市必须着力抓好的两项战略任务。这两项战略任务的提出，是由西部地区的基本区情决定的。在多年经济社会快速发展过程中，资源高强度开发、低效率利用，加剧资源供应的紧缺。资源需求迅速增长，同区内资源不足的矛盾愈来愈尖锐。

　　就西部地区的生态环境现状来说，形势已十分严峻，主要表现为污染排放总量远远超过了环境容量，致使空气、土地、环境污染严重，二氧化硫等主要污染指数已居世界前列，生态系统的整体功能下降，抵御各种自然灾害的能力减弱。必须看到的是，一些地方长期累积的环境问题尚未解决，新的环境问题又不断产生。可以说，西部地区的城市建设整体上还处在资源耗费型、环境损害型状态，生态城市建设面临重大挑战。

　　把节约资源、保护环境作为西部地区生态城市建设的主攻方向，需要坚决转变经济增长方式，需要锐意改革创新，彻底变革对资源不节约、环境不友好的价值观念、经济模式、社会消费、资源环境管理、科技文化等传统体系，形成一套资源节约型和环境友好型的政策保障体系。就目前而言，需解决以下几个关键问题：一是在体制机制的创新上要有新突破。体制机制不合理往往是导致资源浪费和生态环境恶化的重要原因，必须下大力气推进改革，消除体制性障碍，加快建立经济社会发展与城市生态环境相互促进的体制机制。例如，为了改变资源低价和环境无价现状，必须加快建立科学合理的资源环境补偿机制、产权交易机制、反映资源稀缺和供求关系的价格机制。为了实现节能减排的预期目标，必须加快建立和落实节能减排领导目标责任制、企业考核制，加快形成资源环境的执法监督机制，加强制度监督、开展舆论监督、发动群众监督。二是生态科技进步上要有新突破。作为工业文明之后的新的文明形态，主要靠科技来推动和催化，必须把生态科技进步推上主导生态城市建设的地位。生态城市的技术支撑体系是智能化微制造技术、生态化农业技术、生物工程技术、循环经济技术、清洁化的新能源技术、新材料技术、健康与环保技术、航天技术和海洋技术。当前，我们应重点开发和推广节约、替代、循环利用的先进适用技术，循环经济发展中的产业链接技术，清洁能源和可再生能源技术。三是在发展循环经济上要有新突破。循环经济是对传统经济增长方式的创新，不仅可以减少资源消耗，而且可以大大减轻环境污染，提高人们生活质量，实现经济、社会、环境"三赢"。因此，必须在城市建设的重点行业、重点领域、重点产业园区开展循环经济试点，积累循环经济发展经验，突破循环经济关键技术，为此，可考虑在以下四个层面分别推进。在产品层面，要从产品设计开始，把资源循环再利用的思路贯彻到整个产品的生产和使用过程之中。对生产过程中产生的废弃物要采取先进适用技术进行资源化再利用，最大限度地减少废弃物排放。在企业层面，要积极推行清洁生产方式，尽量采用清洁技术，形成清洁、节约、环保的新型企业形象。在产业层面，要进行产业的生态化改造，建立和发展生态工业、生态农业、绿色服务业、废弃物资源化再利用和无害化工业。在商业和服务贸易层面，要实行绿色贸易，减少资源密集型和环境污染密集型的产品贸易和服务贸易，减少资本和技术等要素流动产生的污染转移和各种环境风险。四是在社会参与上要有新突破。无论是节约资源还是保护环境，都是需要全社会共同参与的伟大事业，必须切实把这每项任务落实到每个单位、每个家庭，充分发挥每个单位、家庭和每个公民在节约资源、保护生态环境中的积极作用，把注重生态环保、厉行勤俭节约作为社会公德、家庭美德和创造文明社会、文明家庭等活动的重要内容，使资源节约和环境友好成为广大市民的共同价值观和自觉行动，这样建设生态城市就有了坚实的基础。

4. 把构筑生态产业作为建设生态化城镇重要支撑。生态化城镇要由生态产业作支撑。所谓生态产业，是指按照生态学原理、市场经济理论和系统工程方法，运用现代科学技术形成生态上和经济上两个良好循环，实现经济、社会、资源、环境协调发展的现代产业。这是一种科技先导型、资源节约型、清洁生产型、环境保护型、循环经济型的产业。因此，转变产业发展方式，对产业结构进行战略性调整，大力培育和发展生态产业，既是生态城市建设最重要的物质基础，也是生态城市建设最重要的内容。必须指出，目前西部地区不少城市生态环境呈恶化的趋势，问题就出在产业上。前些年为了加快推进城市工业增长，表现出对投资和资源高度依赖的特征，高度依赖的结果，势必带来大量高投入、高消耗、高污染和资源性的产业、企业既超出资源承受力，又给城市生态环境造成了巨大损害。因此，对产业进行生态化改造，建立和发展生态产业，实现生态建设产业化、产业发展生态化的良性发展，这是建设生态城市的必由之路。

5. 把创新和完善制度作为建设生态化城镇的有效保障。国内外生态城市建设的经验表明：生态城市作为当代世界一种全新范式的城市形态，从提出目标规划到最终变为现实，这是一个长期而复杂的演变过程，涉及面十分广泛，牵扯到经济、政治、社会、文化和生态等多个领域、多个层面的诸多问题。这里有许多措施要讨论，其中重要一点是，必须进行相关制度的创新和完善，努力形成一套从各个方向、各个层面有利于推进生态城市建设的制度体系，才能为生态城市建设提供强有力的保障。这既是生态城市建设的长远之计，也是生态城市建设的当务之急。从一定程度上说，生态城市建设的速度有多快，面貌变化有多大，效果有多好，就取决于制度创新和完善的程度。

近年来，各地紧密结合生态城市建设实践，出台了一系列必要的政策制度、法律法规，但仍有不少制度需要完善。可持续发展战略实施了这么多年，到现在还未能遏制住生态环境继续恶化的态势，一个主要原因在于缺乏系统而有效的制度化保障。建设生态城市，推进两型社会建设，实际上就是践行可持续发展战略，就是要为人与自然和谐共生提供制度支撑、进行制度激励和约束。实践已经证明，没有完善和不断创新的制度，越是先进的发展理念、越是科学的发展模式就越不易接地气，不易成功实施。

完善和创新促进生态城市建设的制度体系，主要包含以下几种：一是奖惩制度。奖惩制度可从激励和约束两个层面发发挥作用、主要从经济利益上引导和调整各类行为主体的行为，使他们的行为不偏离生态城市的建设方向。激励的重点是企业，对走循环经济之路、实行清洁生产、开发环保产品、发展生态产业等方面做得好的企业，给予物质的或精神的奖励，也可在税收、信贷政策上予以鼓励和支持。约束可通过建立多种制度进行，如重大环境问题的官员问责制度、破坏环境的惩罚制度、浪费资源的赔偿制度、超标准污染排放的停产治理制度、排污许可证交易制度等。制度一旦形成，必须执行到位，充分发挥制度的威慑力。二是生态补偿制度。按照谁污染谁治理、谁破坏谁恢复、谁使用谁付费的原则，合理制定征收补偿费的项目制度，申报、核实和处罚制度，补偿款专用制度，区域间补偿的协调制度，通过这些制度运作，从生产源头上推进环境保护，从经济利益上迫使企业等行为主体采取措施，减少对环境资源的破坏、污染和占用，同时也有利于政府为生态环境建设筹措更多的资金。三是生态实绩考核制度。政府是生态城市建设的第一责任主体，要确保第一责任主体的责任到位，必须建立和完善对政府官员的生态责任考核制度。这里的关键是要充实和完善考核的评价指标，增加考核生态环境的指标要素。如单位产值能源消耗降低率、工业增加值用水量降低率、工业固体废物综合利用提高率、污染排放降低率、农用灌溉用水有效利用系数提高率、森林覆盖率、环境质量综合指数目标值等，增加这些考核指标并逐步加大这些指标的权重，从严考核，考核结果与政府官员利益分配挂钩，与提拔升迁相联系，必定能大大强化政府的生态责任。四是执法监督制度。坚持有法必依、执法必严、违法必究，切实维护环境法律的尊严。彻底改变过去环境违法成本低，守法成本高的局面，只有这样，生态城市建设才能在法制轨道上健康运行、有序推进。

三、西部生态化城镇建设的产业支撑体系

（一）发展生态产业

1. 生态产业的产生。在经济发展过程中，特定的经济增长方式总是和特定的资源结构联系在一起的，并随着资源结构的变化而变化。具体来说，反映资源稀缺程度的价格相对水平发生变化，会诱发出旨在以相对丰富的资源替代相对稀缺资源的技术创新，进而改变经济增长的资源基础。例如，由廉价的石油价格诱发出来的石油农业，正随着石油相对价格的上升而逐渐失去竞争力，并诱发出了旨在替代石油农业的生态农业。也就是说，已有的经济增长方式因资源稀缺性的动态变化而难以为继，是诱发技术创新进而增长方式转变和升级的基础和背景。基于生态技术已经渗透到第一次产业（生态农业）、第二次产业（生态工业）和第三次产业（生态服务业、生态旅游业）

中的现实，我们在研究中提出和采用了概括力更强的生态产业概念。

生态产业简称 ECO，ECO 是 eco-industry 的缩写，是指按生态经济原理和知识经济规律组织起来的基于生态系统承载能力，具有高效的生态过程与和谐的生态功能的集团型产业。不同于传统产业的是，生态产业将生产、流通、消费、回收、环境保护及能力建设纵向结合，将不同行业的生产工艺横向耦合，将生产基地与周边环境纳入整个生态系统统一管理，谋求资源的高效利用和有害废弃物向系统外的零排放。它以企业的社会综合服务功能为目标，而不单纯以产品或利润为目标，谋求工艺流程和产品结构的多样化，并有灵敏的内外信息网络和专家网络，能适应市场及环境变化随时改变生产工艺和产品结构。在生态产业内，工人不再是机器的奴隶，而是一专多能产业过程的自觉设计者和调控者；企业发展的多样性与优势度，开放度与自主度，力度与柔度，速度与稳度达到有机结合，使污染负效益变为资源正效益。当然，要发展生态产业，需要在技术、体制和文化领域开展一场深刻的革命。

生态产业产生的背景：经过了漫长的渔猎文明时代，大约在一万年以前，原始农业诞生推进原始农业文明时代的到来。大约 200 年前，人类从原始农业文明进入到工业文明时代。与原始农业文明相比，工业文明时代使工业代替农业成为社会的中心产业；同时，工业文明促使工业技术改造农业和装备农业，使原始农业发展为传统农业。传统农业的主要特点是农业技术工业化和农业产品商品化；农业耕作机械化、电气化、水利化和化学化。这一过程首先在发达国家完成，并形成了所谓的"石油农业"，即以大量使用化肥、农药（以石油为原料生产）和使用农业机械（以石油驱动）为特征的农业。传统农业高投入、高成本、高污染和生产专业化与集约化的特点，一方面在促进生产力大力发展的同时，也引发了土地污染、板结、质量退化等问题；另一方面还导致种植的单一化，减少了物种多样性，从而削弱了农业的自然调节，降低了农产品的安全性与营养性，更产生了诸如植被破坏、水土流失、地力衰减等不良后果。

实践表明，传统农业及工业发展是不可持续的，是与资源环境的正常承载力不相容的，因为它们破坏了人类赖以生存的资源环境基础，是一种自掘坟墓式的发展模式。因此，寻找一种既发展经济又保护资源环境的人地协调发展的产业模式就成为当务之急，于是，生态产业便应运而生。

生态产业作为一种具有高效的经济过程及和谐的生态功能的网络型进

化型产业，形式上是通过两个或两个以上的生产体系或环节之间的系统耦合，使物质、能量能多级利用、高效产出，资源环境能系统开发和持续利用。实质上，生态产业是生态工程在各产业中的具体应用，并形成生态农业、生态工业、生态第三产业等生态产业体系。生态工程是为了人类社会和自然双双受益，着眼于生态系统，特别是社会—经济—自然复合生态系统的可持续发展能力提升的整合工程技术，其意图在于促进人与自然调谐，经济与环境协调发展，从追求一维的经济增长或自然保护，走向富裕（经济与生态资产的增长与积累）、健康（人的身心健康及生态系统服务功能与代谢过程的健康）、文明（物质、精神和生态文明）三位一体的复合生态繁荣格局。

生态产业产生的外在原因：资源耗竭与环境恶化是生态产业萌发的外在原因。概括地说，有关资源与环境危机的研究是循着如下线索进行的：70 年代关注的重点是解决不可再生资源耗竭的问题；80 年代关注的重点从耗竭性资源拓展到可再生资源，尤其是生物多样性方面；接着，重点又从资源耗竭拓展到环境容量方面。这种变化同多年来的污染积累有关。人们发现，资源和能源的使用还不一定威胁到它们的稀缺性，但使用过程中产生的废气、废水、废物会超过环境容量造成重大灾难，即环境接受"三废"的容量的有限性可能是最重要的约束条件。

需要指出的是，资源与环境状况恶化，不仅会使人们产生忧患，它还会有力地推动旨在解决这些问题的科学研究和技术创新，以及为它们服务的资源与环境立法和管理。根据技术变迁和制度变迁都是由自然资源禀赋变化诱发出来的理论，可以作出如下假说：一方面，人类总是在保持其生存环境的前提下选择更为简单的自然资源利用方式，即他们在选择资源利用方式时不愿舍易求难，而且人类的知识越有限，越有可能选择更为简单的资源利用方式。在自然资源中，矿物资源的总量是固定的，用一点就会少一点，生物资源可以更新，但保持它的总量不变也非常不容易，所以人口增长会引起人均自然资源禀赋的减少。人均资源禀赋的下降，会使已选择的资源利用方式出现从适宜到不适宜的变化。另一方面，当人类选择的资源利用方式无法满足社会持续发展的要求之后，人类会进行技术和制度变革，以提高特定人均资源禀赋的承载能力，进而使自然资源禀赋、资源利用方式和社会持续发展三者继续保持协调。人口增长越快，由人均自然资源禀赋下降所诱发的技术变迁和制度变迁的频率就越高。换言之，资源结构与环境状况的动态变化，是生态产业萌发必不可少的外在压力。这种压力，迫使越来越多的科学家将兴趣转移到具体的环境问题上，包括宏观层次上的温室效应、酸雨等全球性、地区性的环境问题，微观层次上的城市或农村社区中各环境因子的承载力研究，以及同企业资源配置密切相关的清洁生产研究等。相比较而言，微观层次上的研究项目更为密集，进展更为显著，效果更为突出。

生态产业发展的内在动因：技术升级和产业升级是生态产业发展的内在动力。大家知道，最初的人类经济是资源承载能力极低的采集经济和狩猎经济。随着人口的增长，这种经济越来越难以为继。于是，人们不得不种植采集来的植物的果实或种子，饲养和繁殖捕获到的动物，而不是马上食用它们，于是形成了原始种植业经济和游牧经济，将资源承载力提高了一大步。在单一的农业经济中，可利用资源的范围非常狭窄，为了更好地满足人类持续增长的各种需求，人们对资源效用的探索越来越深入，完成的技术创新越来越多，纳入可利用资源范围的资源也越来越多。第二产业和第三产业逐渐发展起来，产业结构和技术结构逐步升级。例如，人类最初使用的是生物能源，鉴于生物能源的稀缺性逐渐提高以及生物能源的能级难以升级，人们不得不寄希望于利用新能源的技术创新，并先后把煤炭、石油、天然气、核能等纳入能源的范畴。进入 90 年代以来，有关太阳能能级升级的技术创新开始初露锋芒，太阳能将会随着其能级升级技术的日趋完善而发挥出越来越大的作用。如果没有用相对丰富的资源（或能源）替代稀缺资源（或能源）的技术创新，已纳入利用范围的资源（或能源）用一点就会少一点，经济增长总有一天会无法持续下去。所以，只有不断地完成旨在用尚未纳入利用范围的、相对丰富的资源（或能源）替代纳入利用范围的、相对稀缺的资源（或能源）的技术创新，不断地扩大可供利用的资源（或能源）的范围，才有可能实现持续的经济增长。

生态产业产生的理论基础：

第一，可持续发展是生态产业产生的理论前提。生态产业是按生态经济原理和知识经济规律，以生态学理论为指导，基于生态系统承载能力，在社会生产活动中应用生态工程方法，突出了整体预防、生态效率、环境战略、全生命周期等重要概念，模拟自然生态系统建立的一种高效的产业体系。可持续发展是指既满足现代人的需求又不损害后代人满足需求的一种发展理念，它强调经济、社会、资源和环境是一个密不可分的系统，既要达到发展经济的目的，又要保护好人类赖以生存的大气、淡水、海洋、土地和森林等自然资源和环境，使子孙后代能够永续发展和安居乐业。很明显，可持续发展是生态产业产生的理论前提。

第二，自然生态系统、生产部门是生态产业产生的实践基础。通过自然生态系统的物流和能量转化，形成自然生态系统、人工生态系统、产业生态系统之间共生的网络。在这一网络体系中，生态产业作为一种产业体系，横跨初级生产部门、次级生产部门及服务部门，包容生态工业、生态农业、生态服务业产业系统，以自然生态系统为基础，在实践上构建起自然生态系统、人工生态系统和产业生态系统三位一体的新的生产体系。

第三，生态产业的理论基础是产业生态学。产业生态学是一门"研究可持续能力的科学"。产业生态学起源于 20 世纪 80 年代末，是由 R. Frosch 等学者模拟生物的新陈代谢过程和生态系统的循环再生过程所开展的"工业代谢研究"。工业代谢是模拟生物和自然生态系统代谢功能的一种系统分析方法。代谢工业生产过程就是一个将原材料能源和劳动力转化为产品和废物的代谢过程。1991 年，美国国家科学院与贝尔实验室共同组织了首次"产业生态学"论坛，对产业生态学的概念、内涵和方法以及应用前景进行了全面系统的总结。贝尔实验室的 C. Kumar 认为："产业生态学是对产业活动及其产品与环境之间相互关系的跨学科研究"，是继经济技术开发、高新技术产业开发后发展的第 3 代产业。生态产业是包含工业、农业、居民区等生态环境和生存状况的一个有机系统。

2. 生态产业具有的特征。生态产业作为一种已经出现的客观事物和可以实现的目标，在宏观上具有两个特征：一是在初始阶段，它对环境的负面影响不超过生态阈值；二是在发展过程中，它对环境的负面影响逐渐减缓，收敛于零。这种变化可以用单位产品的资源消耗、污染总量和污染浓度等指标的下降率加以度量。在微观上的特征是采用生态技术，包括以可再生资源替代不可再生资源的技术，以可再生能源替代不可再生能源的技术，通过能级（或物级）变换，实现低级能源（或资源）替代高级能源（或资源）的技术，以及通过延长转换链，提高能源（或资源）利用效率的技术。这一特征可以用收益与完全成本（生产成本＋环境成本＋使用者成本）趋于边际平衡和收敛于持续最大产量等一系列指标加以考核。

3. 生态产业的发展模式。

（1）生态工业模式：中世纪以来，以蒸汽机的诞生与利用为标志的工业革命，使煤、石油、天然气、电力、核能等成为经济发展的驱动力，这标志着人类利用资源的范围由农业社会主要利用地表资源发展到工业社会主要利用地下资源（矿产资源）的时代。工业革命在促进社会生产力大发展的同时，也使"人是万物的尺度和主宰"的观念深入人心。于是，征服自然、改造自然成为人类的主动行为，这在实际上带来了诸如资源破坏、环境污染、生态危机等全球性问题。有资料显示，在人本主义思潮的驱动下，人们从自然界取得的物质资料中，被有效利用的仅占3% ~4%，其余96%则以有毒物质和废弃物的形式被重新抛回自然界。也就是说，工业革命创造的巨大社会财富，是以牺牲自然资源和环境质量为代价的。因此，现实问题的严峻性和解决问题的紧迫性，要求从传统工业范式向新的工业范式过渡，确立"生态工业"范式。

①生态工业的含义：生态工业是指根据生态学与生态经济学原理，应用现代科学技术所建立和发展起来的一种多层次、多结构、多功能、变工业排泄物为原料、实现循环生产、集约经营管理的综合工业生产体系。

②生态工业的特点：与传统工业相比，生态工业具有以下几个特点：一是工业生产及其资源开发利用由单纯追求利润目标，向追求经济与生态相统一的生态经济目标转变，工业生产经营由外部不经济的生产经营方式向内部经济性与外部经济性相统一的生产经营方式转变。二是生态工业在工艺设计上十分重视废物资源化、废物产品化、废热废气能源化，形成多层次闭路循环、无废物无污染的工业体系。三是生态工业要求把生态环境保护纳入工业的生产经营决策要素之中，重视研究工业的环境对策，并将现代工业的生产和管理转到严格按照生态经济规律办事的轨道上来，根据生态经济学原理来规划、组织、管理工业区的生产和生活。四是生态工业是一种低投入、低消耗、高质量和高效益的生态经济协调发展的工业模式。

（2）生态工业园模式：20世纪发展起来的工业生态学和循环经济是生态工业园的理论基础。工业生态学是专门审视工业体系与生态圈关系的、充分体现综合性和一体化的一种新思维，它强调用生态学的理论和方法研究工业生产，把工业生产视为一种类似于自然生态系统的封闭体系，其中一个单元产生的"废物"或副产品，是另一个单元的"营养物"和投入原料。这样，区域内彼此靠近的工业企业就可以形成一个相互依存，类似于生态食物链过程的"工业生态系统"。循环经济是对物质闭环流动型经济的简称，它是以物质、能量梯次和闭路循环利用为特征的，以"资源→产品→再生资源"为主的物质流动经济模式，它改变了传统工业经济高强度地开采和消耗资源，高强度地破坏生态环境的物质单向流动模式，即"资源→产品→废物"，使环境保护和经济增长做到了有机的结合。生态工业园综合地运用了工业生态学和循环经济理论，把经济增长建立在环境保护的基础上，体现了人和自然和谐相处的思想，是未来经济可持续发展的一种重要模式。

①生态工业园的内涵：生态工业园是继工业园区和高新技术园区的第三代工业园区，是指以工业生态学及循环经济理论为指导的、生产发展、资源利用和环境保护形成良性循环的工业园区建设模式，是一个能最大限度地发挥人的积极性和创造力的高效、稳定、协调、可持续发展的人工复合生态系统。它是高新技术开发区的升级和发展趋势，体现了新型工业化特征及实现可持续发展战略的要求。

②生态工业园的衡量标准：一是高效益的转换系统。即生态工业园的各项活动在其自然物质—经济物质—废弃物的转换过程中，应是自然物质投入少、经济物质产出多，废弃物排泄少。通过发展高新技术使工业生产尽可能少地消耗能源和资源，通过高新技术提高物质的转换与再生和能量的多层次分级利用，从而在满足经济发展的前提下，使生态环境得到保护。因此，高新技术产业用地应占工业园的比重是使工业园具有高效益的转换系统必需的基础条件之一。二是高效率的支持系统。生态工业园应有现代化的基础设施作为支持系统，为生态工业园的物质流、能量流、信息流、价值流和人流的运动创造必需的条件，从而使工业园在运行过程中，减少经济损耗和对生态环境的污染。工业园支持系统应包括：道路交通系统；信息传输系统；物资和能源的供给系统；商业、金融、生活等服务系统；各类废弃物处理系统；各类防灾系统等。三是高水平的环境质量。对生态工业园生产和生活中产生的各种污染和废弃物，都能按照各自的特点予以充分的处理和处置，使各项环境要素质量指标达到较高的水平。四是多功能的绿地系统。生态工业园的绿地普及应根据联合国有关组织的决定，绿地覆盖率达到50%，居民人均绿地面积达90平方米、居住区内人均绿地面积为28平方米，这样才可能维持工业园区生态系统的平衡。绿地系统还应具备多种功能，包括防护功能（保

护水体等）；调节功能（空气、水体、温度、湿度等）；美化功能；休闲功能（提供娱乐、休闲场所）；生产功能（绿色食品生产区和花卉草树苗圃生产基地等）。五是高质量的人文环境系统。生态工业园应具有高质量的人文环境系统，包括较高的教育水平和人口素质水平，良好的社会风气和社会秩序，丰富多彩的精神文化生活，发达的医疗条件和祥和的社区环境，以及自觉的生态环境意识，只有这样，才能吸引人才、留住人才。六是高效益的管理系统。生态工业园应具备高效的园区管理系统，对园区内的各个方面，如人口、资源、社会服务、就业、治安、防灾、城镇建设、环境整治等实施高效率的管理，促进工业园区的健康运行。

③生态工业园的发展模式。从国内外的实践看，生态工业园的建设还是一个比较新的事物，大致有以下模式：一是企业主导型。以原有某一或几个企业为核心，吸引生态链上相关企业入园建设的生态工业园区，如丹麦的卡伦堡生态工业园；以企业集团为主，集团内部企业根据生态工业学和循环经济原理建成的生态工业园区，如我国鲁北石化企业集团建设的生态工业园。二是产业关联型。即将产业关联度较高的相关产业以生态的观念联合在一起，充分发挥互补效应的园区。如以加强农业与工业之间的产业关联，促进可持续工农业发展为主的农业生态工业园。我国广西贵港的生态工业园就是按这一模式建设的。三是改造重构型。即在原有的工业园区、高新技术园区的基础上进行改造，重新构架，创造生态企业集聚的升级生态工业园。

④国内外生态工业园典型模式简介。

丹麦的卡伦堡生态工业园：它以发电厂、炼油厂、制药厂和石膏板厂为核心工业。电厂给制药厂供应高温蒸汽，给居民供热，给大棚供应中低温循环热水生产绿色蔬菜，余热流到水池中用于养鱼，实现了热能的多级使用。同样，粉煤灰用于生产水泥和筑路，脱硫石膏用来造石膏板等。通过企业间的工业共生和代谢生态群落关系，建立了"纸浆—造纸""肥料—水泥"和"炼钢—肥料—水泥"等工业联合体，既降低了治理污染的费用，也取得了可观的经济效益。

日本的藤泽生态工业园：日本的藤泽工业园区位于距东京约一小时的行车路程，面积约 47 公顷的一个台地上，富士山、江之海岸的景色尽收眼底。藤泽生态工业园将工业、商业、农业、住居和休闲等组成一个多属性社区，公司的基本理念是依据零排放理念建设新型社区、振兴环境产业。根据住、工、农对水电的需求差异，进行工业温水的民用化；有机废弃物的甲烷发酵发电；有机废弃物的堆肥化处理；以及将燃烧残渣的用于道路透水材料等，实现资源的循环使用。该园区包括能源保护和梯级利用、可再生能源、废物转化为能源、太阳能温室、废水的湿地利用和回收，能耗减少了40%，水耗减少了30%，水的排放减少了95%，二氧化碳排放减少了30%。

德国双元系统模式：德国是世界上实施循环经济最早、发展水平最高的国家之一。德国包装废弃物收集和处理的双元系统模式是循环经济实践和运行机制的典型模式。1990年9月，德国95家包装公司和工厂企业及贸易零售商联合建立了德国的双元回收系统（DSD）。DSD接受企业的委托，组织收运者对企业的包装废弃物进行回收和分类，然后分送到相应的资源再利用厂家进行循环利用，能直接回收的则送返制造商。DSD系统的建立促进了德国包装废弃物的回收利用。玻璃、塑料、纸箱等包装物回收利用率达到86%，包装垃圾的产生量已从过去每年1300万吨下降到现在的500万吨。

广西贵港生态工业园：它是我国建立的第一个国家生态工业示范园区。该园区通过各个系统（蔗田系统、制糖系统、酒精系统、造纸系统、热电联产系统、环境综合处理系统）之间的中间产品和废弃物的相互交换而互相衔接，最终形成了一个比较完整和闭合的生态工业网络。其中，甘蔗→制糖→蔗渣造纸生态链、制糖→糖蜜制酒精→酒精废液制复合生态链以及制糖（有机糖）→低聚果糖生态链为三条主要的园区内生态链，相互间构成了横向耦合的关系，并在一定程度上形成了网状结构，使园区内资源得到最佳配置、废弃物得到有效利用，环境污染减少到较低水平。

4. 西部生态工业园区建设的思路。

第一，改造重构原有工业园区及高新技术园区。原有工业园区成长是依靠廉价的土地和优惠的政策起步和发展的，随着市场经济的推进，原有工业园区的优惠政策将不复存在，人多地少和城镇化压力也需要有更为严格的土地管理来控制城市蔓延对耕地的占用。因此，生态工业园的建设如果重复以前工业园区建设的老路（重新圈地，重搞基础建设），不但不经济，而且也困难重重，因此，在原有工业园区的基础上进行生态化改造重构无疑是一种行之有效的方法。目前，西部地区的国家级和省市级工业园区及高新技术开发区数量不少，这些园区和开发区经过多年的建设，基础设施条件已初具规模，一些园区已经成为具有一定规模的工业基地，这都为生态工业园的建设提供了众多的可选择空间。利用原有园区的基础设施和市场资源，按照生物产业链理论，打造生物种企业，引入补链企业，构建上下游链接的产业体系；同时，创新管理模式，建立企业之间的废弃物交易制度和利益驱动机制、延伸产业链，拓展价值链，促进企业共同获利、共同管理环境；重新定位和打造园区竞争优势，赋予园区新的活力。

第二，发展有自主知识产权的循环经济环保技术。园区内企业能够构成生态产业链，达到能源和资源的多级循环利用，是生态工业园建设的关键，这就需要较高的环境保护技术和能源、资源利用技术，但就目前情况看，循环经济技术开发水平不高、推广力度不够是一种"新常态"，加上国外相关技术引进方面的限制，使西部地区在循环经济技术方面的发展较为落后。如果不加大研发投入，形成自主知识产权的循环经济环保技术，必将在以后的国际竞争中处于劣势。在技术研发过程中，首先应重视无害环境技术，充分依托高校和科研院所的科研资源，研制和开发适合西部区情的先进实用技术；同时也不应忽视一些地方和企业在长期处理环境问题中形成的特色技术，最终形成有自主知识产权的循环经济技术体系。

第三，建立完善的市场调控体系。生态工业园是依托市场经济的可持续开发模式。工业经济时代的市场规则有些并有不利于可持续发展。一些发达国家在兴起产业生态思想和循环型经济理论的同时，就提出了重构市场规则的思想。西部地区的市场经济起步较晚，在生态工业园的建设上应借鉴发达国家的先进经验，如减免对资源节约和综合利用的税收、征收污染税、将资源环境成本纳入产品成本等，以此完善西部的环保市场调控体系。

第四，严格环保执法，强化环境监督管理。生态工业园的良好发展既需要循环经济技术的支撑，更需要一个有效的管理组织来协调各个企业的相互利益关系，这就需要健全资源环境保护的法规体系、管理体系和监督体系。因此，在建立生态工业园的同时，我们就应该注意加强环保工作的统一监督和管理，规范执法行为，提高执法的透明度，加强国家和各地环保部门和监察部门对环境执法的行政监察。

第五，加强国外资源的利用。西部地区的生态开发技术起步较晚，总体上还比较落后。因此，应以多种方式吸引国外资金、引进先进技术，缩短西部在环境保护方面与发达国家的差距。还应积极参与全球环境合作，利用国际社会对环境保护项目的支持，提高西部地区的资源综合利用能力和环保技术水平。

总之，生态工业园是一种新型的可持续发展模式，是生态工业学和循环经济理论在实践中的运用。由于它很好地解决了环境问题和经济增长的协调发展问题，得到世界很多国家的重视。西部地区在环保技术和能源的多级利用方面较为落后，致使在建设生态工业园时存在很多制约因素。因此，今后的建设思路是：发挥已有工业园区的基础优势，建立吸引国内外资源和环保技术的支持体系，按高标准打造具有西部特色的新型生态工业园。

（1）生态农业模式。生态农业概念最早由美国土壤学家 W. Albreche 于 1971 年提出，1982 年经英国农学家 M. Worthingtion 进一步发展并明确定义，之后，生态农业研究和实践在欧美及东南亚得到快速推进。

生态农业是按照生态学原理和经济学原理，运用现代科学技术成果和现代管理手段，依托传统农业的有效经验建立起来的，能获得较高的经济效益、生态效益和社会效益的现代化高效农业。它要求把发展粮食与多种经济作物，发展大田种植与林、牧、副、渔业，发展大农业与第二、三产业结合起来，利用传统农业精华和现代科技成果，通过人工设计生态工程、协调发展与环境之间、资源利用与保护之间的矛盾，形成生态上与经济上两个良性循环，经济、生态、社会三大效益的统一。

①国外生态农业发展历程。生态农业最早于 1924 年在欧洲兴起，20 世纪 30~40 年代在瑞士、英国、日本等国得到发展；60 年代欧洲的许多农场转向生态耕作，70 年代末东南亚地区开始研究生态农业；至 20 世纪 90 年代，世界各国均有了较大发展。建设生态农业，走可持续发展的道路已成为世界各国农业发展的共同选择。

探索阶段：生态农业最初只由个别生产者针对局部市场的需求而自发地生产某种产品，这些生产者组合成社团组织或协会。英国是最早进行有机农业试验和生产的国家之一。自 30 年代初英国农学家 A. 霍华德提出有机农业概念并相应组织试验和推广以来，有机农业在英国得到了广泛发展。在美国，替代农业的主要形式是有机农业，最早进行实践的是罗代尔（J. I. Rodale），他于 1942 年创办了第一家有机农场，并于 1974 年在扩大农场和过去研究的基础上成立了罗代尔研究所，成为美国和世界上从事有机农业研究的著名研究所，罗代尔也成为美国有机农业的先驱。需要注意的是，当时的生态农业过分强调传统农业，实行自我封闭式的生物循环生产模式，未能得到政府和广大农民的支持，发展极为缓慢。

起步阶段：到了 20 世纪 70 年代，一些发达国家伴随着工业的高速发展，由污染导致的环境恶化也达到了前所未有的程度，尤其是美、欧、日一些国家和地区，工业污染已直接危及人类的生命与健康。这些国家感到有必要共同行动，加强环境保护以拯救人类赖以生存的地球，确保人类生活质量和经济健康发展，从而掀起了以保护农业生态环境为主的各种替代农业思潮。法国、德国、荷兰等西欧发达国家也相继开展了有机农业运动，并于 1972 年在法国成立了国际有机农业运动联盟（IFOAM）。英国在 1975 年召开的国际生物农业会议上，肯定了有机农业的优点，使有机农业在英国得到了广泛的接受和发展。日本生态农业的提出，始于 20 世纪 70 年代，其重点是减少农田盐碱化，农业面源污染（农药、化肥），提高农产品品质安全。菲律宾是东南亚地区开展生态农业建设起步较早、发展较快的国家之一，玛雅（Maya）农场是一个具有世界影响的典型，1980 年，在玛雅农场召开了国际会议，与会者对该生态农场给予高度评价。生态农业的发展在这一时期引起了各国的广泛关注，无论是在发展中国家还是发达国家，都认为生态农业是农业可持续发展的重要途径。

发展阶段：90 年代后，特别是进入 21 世纪以来，实施可持续发展战略得到全球的共同响应，可持续农业的地位也得以确立，生态农业作为可持续农业发展的一种实践模式和一支重要力量，进入了一个蓬勃发展的新时期，无论是在规模、速度还是在水平上都有了质的飞跃。如奥地利于 1995 年开始实施支持有机农业发展的特别项目，国家提供专门资金鼓励和帮助农场主向有机农业转变。法国也于 1997 年制订并实施了"有机农业发展中期计划"。日本农林水产省已推出"环保型农业"发展计划，2000 年 4 月推出了有机农业标准，于 2001 年 4 月正式执行。发展中国家也已开始绿色食品生产的研究和探索。一些国家为了加速发展生态农业，对进行生态农业系统转换的农场主提供资金资助。美国一些州政府就是这样做的：艾奥瓦州规定，只有生态农场才有资格获得"环境质量激励项目"；明尼苏达州规定，有机农场用于资格认定的费用，州政府可补助 2/3。这一时期，全球生态农业发生了质的变化，即由单一、分散、自发的民间活动转向政府自觉倡导的全球性生产运动。各国大都制定了专门的政策鼓励生态农业发展。

②国外生态农业的发展现状。生态农业面积：目前在世界上实行生态管

理的农业用地中以澳大利亚的生态农地面积最大，拥有 1050 万公顷，其次是阿根廷和意大利，分别有 319.2 万公顷和 123 万公顷；若从生态农地占农业用地面积的比例来看，欧洲国家普遍较高。大多数亚洲国家的生态农地面积较小，在总计为 4 万公顷的生态农地中，土耳其 1.8 万公顷，日本 5000 公顷，以色列和中国各约 4000 公顷。

生态农产品产值：据国际贸易中心（ITC）报道，除德国外，欧洲生态食品消费较多的国家有法国、英国、荷兰、瑞士、丹麦和意大利，产品种类包括作物产品、奶制品、肉类、水果等。

生态农产品需求：最新市场研究表明，大部分有机食品市场中消费者需求量迅速增长，瑞士、丹麦、瑞典、英国等欧洲主要的有机食品消费市场每年消费量增加率超过 10%，自 2010 年起，英国有机食品和饮料的年销售额将达到 25 亿~30 亿英镑。

③国外的生态农业发展典范及发展模式。国外的生态农业发展到今天，已产生出一系列典型：如菲律宾的玛雅农场、领先世界的瑞典生态农业、严谨的德国生态农业、发展迅速的阿根廷生态农业、发展良好的捷克生态农业，这些典型不但验证了生态农业发展的可行性，起了很好的示范效应，也积累了丰富的经验，推动生态农业向前发展。

国外的生态农业实践主要侧重于农业发展模式的探索，其代表性的模式有：以色列的节约农业模式，美国的精准农业模式，荷兰的设施农业模式，菲律宾的生态农业模式，澳大利亚等国的有机农业模式等。这些模式虽然侧重点不同，但都有一套较为完善的管理体系，包括生产标准、生产过程、法规体系、认证体系、标志体系和国际贸易体系。其宗旨也是一致的，那就是在洁净的土地上，用清洁和生态的方法生产出洁净的食品，在维护好自然生态系统的前提下，提高人们的健康水平。因此对生态农业模式的绩效考量主要围绕四个要素：健康、环保、经济与生态效益的统一及农业发展的可持续性。

国外早期出现的生态农业模式，都是从所谓的"科学农法"为起点的，核心是尽量利用农业生态系统的自然闭合机制，但这种完全依靠自然力的生产模式在实践上造成了减产，这使人们认识到必须进行更为切合实际的研究和实践。于是提出了以生态型农产品为参照的农业发展模式。这种模式具有如下特征：生产过程中禁止或限量使用化学合成品；产品中有害物质含量符合国际上的限量标准，不会对人体健康产生影响；生产过程中对于生态系统和环境保护应有积极贡献；产品需第三方机构认证。至此，顺利实现了传统生态农业模式向现代生态农业模式的转轨。

从国外改革趋势看，生态农业已呈现四大趋势：一是生态农业已成为21世纪世界农业的主导模式；二是生产和贸易相互促进；三是生态食品的标准和认证体系将进一步统一；四是生态农业的发展将进一步推进生态农业科技的研究、应用和推广。

④国内有关生态农业的研究与实践。20世纪70年代末，学术界开始对我国农业发展的现代化模式进行研讨，1980年在银川召开了农业生态经济研讨会，在会上第一次使用了"生态农业"一词。1982年，有关部门正式提出发展生态农业的建议。此后，生态农业研究和试点陆续在各地扩展开来。近年来，学界又将节约型农业，循环农业纳入研究视野，形成了三种农业新模式同步研究和实践的新格局。

生态农业的内涵：借鉴了国外现代生态农业的概念，我国学界对生态农业定义是，遵循生态经济学原理，通过资源与景观的合理开发与建设，实现生态与生产的良性循环，达到高产优质高效与经济协调发展的一种现代农业发展模式。生态农业所遵循的基本理论是：生物与环境相互作用，协同进化的原理；生物间链索式的相互制约原理；能量物质分层和循环利用原理；"整体效应"和"边缘效应"原理；内部循环与系统内部深度开发原理；经济与生态效益统一原理等。

生态农业的发展模式：国内对生态农业的研究是借助于生态农业模式的研究来推进的。生态农业模式是指在一定的农业区域，运用生态农业工程技术，依据当地自然环境和市场需要，按照一定的程序设计出的符合生态经济学原理的农业生态系统。学界将我国生态农业模式划分为四大类型10种典型模式。四大类型是：生态脆弱经济贫困型；生态资源丰富经济欠发达型；农业主产区型；沿海和城郊经济发达区型。10种典型模式是：北方"四位一体"生态模式；南方"猪—沼—果"生态模式；平原农牧复合生态模式；草地生态恢复与持续利用生态模式；生态种植模式；生态畜牧生产模式；生态渔业模式；丘陵山区小流域综合治理模式；设施生态农业模式；观光生态农业模式等。

循环农业的内涵及发展模式：循环农业就是采用循环生产模式的农业。

即是一种以资源的高效利用和循环利用为核心，以"3R"为原则，以低消耗，低排放，高效率为基本特征的，符合经济可持续发展理念的农业发展模式。有观点认为，循环农业的发展模式应有五种，即农业清洁生产模式；有机食品开发模式；农作物秸秆综合利用模式；畜禽养殖废物资源化循环利用模式；农村生活污水零排放模式；多产业耦合模式。而另一种观点则认为：循环农业的发展模式应为：生态整合模式；生物链转换模式；生态农业产业项目模式；区域型循环经济模式和家庭型循环经济模式。

节约型农业的内涵及发展模式：节约型农业是指以提高资源利用效率为核心，以节地、节水、节肥、节农药、节种子、节能和农业资源的综合循环利用为重点的农业生产方式。有观点认为：发展节约型农业，就是要充分利用有限的光、热、水、土资源条件，推行清洁生产，促进再生资源的循环利用和非再生资源的节约利用，推动农业可持续发展。目前，学界对节约型农业的研究主要集中于节约技术的研究，有学者提出了发展节约型农业的立体化、专业化、规模化、产业化、合作化、科技化、信息化、机械化、城镇化、集约化经营十大捷径和五大典型做法。即河北衡水的农村节水模式；农业部推荐的四种测土配方施肥模式；浙江绍兴的 10 个节约土地模式；山西桓曲的节能模式，以及上海的四节型综合模式。

⑤西部地区生态农业的发展途径。西部是我国生态环境类型最为复杂和特色突出的区域：既有山地型、高原型、过渡带型、内陆干旱型等生态脆弱经济贫困区；又有生态资源丰富、经济欠发达的平原和农业主产区，多样化的生态环境使农业现代化的任务十分艰巨。因而，结合西部的区域特色设计出有针对性的生态农业发展模式，一直是学界探究的重点，已有的研究进展有：

一是关于西部生态农业的发展途径。西部生态农业是相对于常规农业而言的，主要指利用当地特色资源，利用特殊生产方式开发特色生态农产品并将其推向市场的农业生产经营活动。生态农业的形成有两种途径：第一种是原有农产品和传统优质产品的生态型开发与改造；第二种是利用现代农业生态工程技术引进新品种、新技术和新工艺形成的名、特、稀、新特色的生态农产品。

二是生态农业所遵循的基本理论是：生物与环境相互作用、协同进化的原理；生物间链索式的相互制约原理；能量物质分层和循环利用原理；"整体效应"和"边缘效应"原理；内部循环与系统内部深度开发原理；经济与生态效益统一原理等。

⑥西部生态农业的类型和主要模式。学界将西部的生态农业发展划分为四种类型：农村立体结构型；生物物种共生型；物质能量分层多级循环利用型；水陆交换的物质循环型。这些类型有三种表现形式：一是时空结构型。这是一种根据生物种群的生物学、生态学特征和生物之间的互利共生关系合理组建的农业生态系统，使处于不同生态位置的生物种群在系统中各得其所，相得益彰，更加充分地利用太阳能、水分和矿物质营养元素，形成时间上多序列、空间上多层次的三维结构，达到经济效益和生态效益俱佳的目的。具体表现形式有果林地立体间套模式、农田立体间套模式、水域立体养殖模式、农户庭院立体种养模式等。二是食物链型。这是一种按照农业生态系统的能量流动和物质循环规律设计的一种良性循环的农业生态系统。系统中一个生产环节的产出是另一个生产环节的投入，使得系统中的废弃物多次循环利用，从而提高能量的转换率和资源利用率，获得较大的经济效益，并有效防止农业废弃物对农业生态环境的污染。具体表现形式有种植业内部物质循环利用模式、养殖业内部物质循环利用模式、种养加工三结合的物质循环利用模式等。三是综合型。这是时空结构型和食物链型的有机结合，使系统中的物质得以高效生产和多次利用，是一种适度投入、高产出、少废物、无污染、高效益的模式。

依据西部地区不同区域的生态状况，我们认为适合西部发展生态农业的模式主要有：荒漠绿洲区生态农业模式；高原区生态农业模式；草原区生态农业模式；平原区生态农业模式。这些模式大致分为三种类型：一是有8种典型模式的生态脆弱经济贫困型；二是有5种典型模式的生态资源丰富经济欠发达型；三是有8种典型模式的农业主产区型。

⑦西部生态农业发展中存在的主要问题。西部地区虽然在生态农业的理论研究、试验示范、推广普及等方面已经取得了一定成绩，但还存在着一些深层次的问题，这些问题恰恰成为限制生态农业进一步发展的障碍。具体表现为：

理论基础不完备：生态农业是一项复杂的系统工程，涉猎学科较多，需要农学、林学、畜牧学、水产养殖、生态学、生物学、资源科学、环境科学、农产品加工技术以及经济学等社会科学在内的多学科支持。而此前的研究，往往侧重于某单一学科，因此可能对这一复杂系统中的某种组分有了一定的、甚至是比较深入的把握，但是对于这些组分之间的相互作用探索不多。因此，需要进一步从系统、综合的角度，对生态农业进行更加深入的探究，特别是对要素之间的耦合规律、结构的优化设计、科学的分类体系、客观的评价方法等方面进行深入研究，这种研究应当建立在对现有生态农业模式进行深入调查分析的基础上，必须超越生物学、生态学、社会科学和经济学之间的界限，应当是在多学科交叉与综合的基础之上建立起具有实践指导意义的生态农业理论体系。

技术体系不完善：在一个生态农业系统中，往往包含了多种组成成分，这些成分之间具有非常复杂的关系。例如，为了在鱼塘中饲养鸭子，就要考虑鸭子的饲养数量，而鸭子的数量将受到水的交换速度、水塘容积、水体质量、鱼的品种类型和数量、水温、鸭子的年龄和大小等众多条件的制约。在一般情况下，农民们并没有足够的理论知识和经验对这一复合系统进行科学的设计和技术上的把控，而简单地照搬另一个地方的经验和做法，又有着是否接地气的困扰，因而看上去十分有前景的项目，往往在实践中并不易取得成功。因而，在生态农业实践中，最缺乏的往往是应用技术措施的深入研究和因地制宜，还包括传统技术如何发展，高新技术如何引进并落地生根等具体问题。

政策激励不到位：如果没有政府的支持，就不可能使生态农业得到真正的普及和发展。而政府的支持，最重要的就是建立有效的政策激励机制与保障体系。虽然农村经济改革非常成功，但对于扶持生态农业发展，政府还缺乏有效的政策指引和激励，致使农民对生态农业的认识还不够深入，发展的主动性和积极性还不高，甚至缺乏对土地、水等资源进行有效保护的主动性。加之在生态农产品的区分和识别上存在模糊化、价格方面的优势不突出等因素的影响，有时也成为生态农业发展的一个限制因子。因为对于大部分农业人口来说，食物安全保障可能更为重要；但对于那些境况较好的农民来说，较高的经济效益，可能会成为刺激他们从事生态农业的基本动力。此外，必要的激励机制也是十分必要的，但生态农业发展尚未形成一种激励农民们自愿参与的机制。

服务机制不健全：发展生态农业，服务与技术具有同等重要的地位。目前的情况是，大部分地区尚未建立有效的生态农业服务体系，还无法向农民提供优质品种、幼苗、肥料、技术支撑、信贷服务与信息服务等。例如，信息服务就是当前制约生态农业发展的重要方面，因为有效的信息服务将十分有益于农民及时调整生产结构，以满足市场要求，并获得较高的经济效益。

产业化水平不够高：发展生态农业的根本目的是实现生态效益、经济效益和社会效益的统一，但在西部的许多农村地区，促进经济的发展、提高人民的生活水平，仍然是一项紧迫的任务，而发展生态农业的实际情况还不能完全满足上述需求，加之生态农业的产业化水平还不高，产业体系也不健全，致使发展生态农业的产业综合效益还不突出。从另外一个方面看，人口问题也是一个重要方面。据估计，到2030年前后，中国人口将达到16亿。土地资源相对短缺，耕地面积还在不断减少，而人口在继续增加，农村剩余劳动力的转移也已经成为困扰农村地区可持续发展的一大障碍。因此，为了解决这一问题，必须通过在生态农业中延长产业链、促进农业的产业化水平来实现。

示范推广力度不够：虽然生态农业有着悠久的历史，政府也比较重视，但目前仍未能在广大的西部得到积极推广。就全国看，101个国家级生态农业试点县在两千多个县中只占一个非常小的比例，生态农业示范区的面积也仅占全国耕地总面积7%，在西部地区占比就更小了，示范力度明显不足。另一方面，沉重的人口压力，对自然资源的不合理利用，生态环境整体恶化的趋势没有得到根本的改善，农业的面源污染在许多地方还十分严重。水土流失、土地退化、荒漠化、水体和大气污染、森林和草地生态功能退化等，已经成为制约西部农业可持续发展的主要障碍。因此。从某种程度上说，西部生态农业试点和示范，还只是"星星之火"，远没有形成推广的"燎原"之势。

⑧推进西部生态农业发展的措施。生态农业发展虽前景广阔，代表21世纪农业发展的趋势和方向，但毕竟只有20余年的发展历程，经验明显不足，需要拓展的空间还十分巨大。因此，要使西部地区的生态农业发展上一个新台阶，需要在理论和实践两个层面取得突破，并采取切实有效的应对措施。

加强生态农业规划：发展生态农业，应规划先行，因为规划是首要环节，居于龙头地位。规划就是制定一个时期生态农业发展战略框架，是一个地方发展生态农业的政策基础，主要解决发展理念、战略目标、战略重点、战略措施、支持条件等发展方略问题，需要对农业生产潜力、生态过程、生态格局分析、生态农业系统敏感性和决策分析进行架构。它的第一目标是实现可持续发展，第二目标是资源的高效利用、社会的发达昌盛、系统关系的和谐稳定。就目前来看，西部地区的生态农业示范项目，规划设计明显滞后，整体推进较为乏力，大都表现为零星化和碎片化的特点，这与生态农业的规划研究和实施不力深度相关。

突出应用技术研究：在生态农业发展中，生态产业链技术、农业循环经济技术等的研究与推广，是克服发展阻碍的主要环节。而资源环境保护与开发技术，如水土保持治理技术，防沙治沙技术，盐碱地治理技术；配方施肥技术，农作系统改革、天敌繁殖捕放、生物农药的研制与应用，病虫害综合防治，良种选育与繁殖等，都在生态农业发展中具有十分重要的作用。在这些应用技术中，有些较为成熟，有些正处于探索阶段，这在发展生态农业中需要重点攻克和突破。

深化理论研究：把发展生态农业的理念、经验和知识升华到理性认识，建构具有指导生态农业健康发展的理论体系十分重要，其内容主要包括生态农业发展理论、生态农业发展方法论，生态农业发展类型和发展模式的总结与设计，生态农业价值评估体系构建、生态农业的规范化和标准化发展模型创立等。

5. 生态服务业模式。

（1）生态服务业的内涵。生态服务业是指在充分合理开发、利用当地生态环境资源基础上发展的服务业，是生态产业的有机组成部分。包括绿色商业、绿色服务、生态消费、生态住宅、生态旅游业、生态物流以及生态教育、生态文化、绿色公共管理等。其发展的目标在于降低城镇和乡村经济的资源和能源消耗强度，为促进资源节约和环境友好型社会的建立，促进循环经济正常运转的提供纽带和保障。

（2）生态服务业的主要形式。生态物流：生态物流也称绿色物流，是指对环境负责的物流系统，是一种对物流过程产生的生态环境影响进行认识并使其最小化的过程，既包括从原料的获取，产品生产、包装、运输、仓储直至送达最终用户手中的前向物流过程的绿色化，也包括废弃物回收与处置的逆向物流。可以说，凡是以降低物流过程的生态环境影响为目的的一切手段、方法和过程都属于生态物流的范畴。

生态旅游：生态旅游是国际自然保护联盟（IUKN）特别顾问谢贝洛斯·

拉斯喀瑞于 1983 年提出的一种旅游概念，其含义经过了一系列演变。目前，生态旅游是指以可持续发展为理念，以保护生态环境为前提，以统筹人与自然和谐发展为准则，并依托良好的自然生态环境和独特的人文生态系统，采取生态友好方式，开展的生态体验、生态教育、生态认知并获得心身愉悦的旅游方式。

生态旅游的内涵应包含两个方面：一是回归大自然。即到生态环境中去观赏、旅行、探索，目的在于享受清新、轻松、舒畅的自然与人的和谐气氛，探索和认识自然，增进健康，陶冶情操，接受环境教育，享受自然和文化遗产等；二是要促进自然生态系统的良性运转。不论生态旅游者，还是生态旅游经营者，甚至包括得到收益的当地居民，都应当在保护生态环境免遭破坏方面做出贡献。也就是说：只有在旅游和保护均有保障时，生态旅游才能显示其真正的科学意义。

生态旅游具有三种模式：社区参与模式，环境教育模式，生态环境补偿模式。

生态旅游具有四种功能：即观赏游览旅游功能，生态环境保护功能，促进社区协调发展功能，生态环境教育功能。

生态教育：生态教育是人类为了实现可持续发展和创建生态文明社会的需要，而将生态学思想、理念、原理、原则与方法融入现代全民性教育的生态学过程。生态教育内涵丰富，涵盖各个教育层面，有学校教育、职业教育，社会教育、环境教育等教育类型；教育对象包括全社会的决策者、管理者、企业家、科技工作者、工人、农民、军人、普通公民、大专院校和中小学校学生；教育方式包括课堂教育、实验证明、媒介宣传、野外体验、典型示范、公众参与等；教育内容包括生态理论、生态知识、生态技术、生态文化、生态健康、生态安全、生态价值、生态哲学、生态伦理、生态工艺、生态标识、生态美学、生态文明等。生态教育的行动主体包括政府、企事业、学校、家庭、宣传出版部门、群众团体等。通过生态教育，使全社会形成一种新的生态自然观、生态世界观、生态伦理观、生态价值观、可持续发展观和生态文明观，实现人类、社会、自然的和谐发展，构建一个资源节约和环境友好的和谐社会。

生态文化：生态文化就是从人类统治自然的文化过渡到人与自然和谐共生的文化。这是人类价值观念的根本转变，这种转变意在实现人类中心主义价值取向向人与自然和谐发展价值取向转型。生态文化的重要特点在于用生态学的基本观点去观察现实事物，解释现实社会，处理现实问题，运用科学态度去认识生态学的研究途径和基本观点，建立科学的生态思维理论。并通过认识和实践，形成经济学和生态学相结合的生态化理论，促进人们在现实生活中逐步增加生态保护的色彩和主动性。

生态住宅：所谓生态住宅，就是符合生态要求，不污染环境，不危害人体健康的住宅，它是生态学与建筑学相结合的产物。这种住宅一般具有以下特点：一是原材料尽量使用天然材料；二是尽量使用天然能源与再生能源；三是采用节能技术和防治污染措施；四是宅址选择远离污染。

生态消费：生态消费是一种绿化的或生态化的消费模式，是指以节约资源和保护环境为特征的消费行为，主要表现为崇尚勤俭节约，减少损失浪费，选择高效、环保的产品和服务，降低消费过程中的资源消耗和污染排放。生态消费包括的内容非常宽泛，不仅包括绿色产品，还包括物资的回收利用、能源的有效使用、对生存环境和物种的保护等，可以说涵盖生产行为、消费行为的方方面面。生态消费具有适度性、持续性、全面性、精神消费第一性等特征。

生态第三产业：生态第三产业就是要推行适度消费，厉行勤俭节约，反对过度消费和超前消费。变生存消费观（物质、精神消费）为发展消费观（物质、精神、生态消费），建立生态住宅等。

③生态服务业的发展路径。发展循环经济：循环经济作为一种经济发展方式，是指在人类社会的经济活动中，应当遵循生态学规律，通过优化物质在经济系统内部的循环和能量流动，减少资源输入和污染输出，使生产过程中的废弃物减量化、资源化、无害化，从而在经济增长中保护环境，实现经济系统和自然生态系统的和谐循环与可持续发展。

推行绿色营销：所谓"绿色营销"，是指社会和企业在充分意识到消费者日益提高的环保意识和由此产生的对清洁型无公害产品需要的基础上，发现、创造并选择市场机会，通过一系列理性化的营销手段来满足消费者以及社会生态环境发展的需要，实现可持续发展的过程。绿色营销的核心是按照环保与生态原则来选择和确定营销组合策略，是建立在绿色技术、绿色市场和绿色经济基础上的对人类的生态关注给予回应的一种经营方式。绿色营销不是一种诱导顾客消费的手段，也不是企业塑造公众形象的"美容法"，它是一个导向持续发展、永续经营的过程，其最终目的是在化解环境危机的过程中获得商业机会，在实现企业利润和消费者满意的同时，达成人与自然的和谐相处，共存共荣。

（二）构建生态产业链

生态产业链是指依据生态学原理，以恢复和扩大自然资源存量为宗旨，以提高资源生产率和社会需要为目标，对两种以上产业的链接所进行的设计（或改造）并开创为一种新型产业系统的创新活动，它是生态产业的集聚方式，具体来说，就是在某一区域范围内的企业模仿生态系统中的生产者、消费者和分解者的角色，以资源（原料、副产品、信息、资金、人才等）为纽带形成的具有产业衔接关系的工厂或企业联盟，以实现资源、能源在区域范围内的循环流动和综合利用。

1. 生态产业链设计的目标。

第一，增大自然资源存量。使自然资源存量增大，是生态产业链设计与开发活动的最高目标，即所设计与开发的生态产业链是在求得经济发展的同时，推动生态系统的恢复和良性循环，使生态圈产生出更丰富的自然资源，不断提高和扩大自然生产力的水平与能力。

第二，提高资源生产率。生态产业链是为提高生产率而设计的，生产率需要用"资源基本生产率"的概念来评价，即从资源的原始投入对生态圈的作用算起，到产品退出使用、回到生态圈为止，全面和全过程地测度其生产率。由于在生产转换过程中，人力资源的劳动生产率问题已得到广泛注意，因此，它更侧重于通过产业链的链接与转换过程设计、开发和实施，使生态资源在原始投入和最终消费方面提高效率，进而从可持续发展的层面上全面持久地提高生产率。

第三，满足社会性长期需要。生态产业链的设计应具备社会性，即所建立的生态产业链是社会长期需要的，依据的是社会主体商业秩序与环境，它在生产、交换、流通和消费过程中所建立的秩序既能使商家及产业链上各方获取利润，也要与自然生态系统保持着长期的友善与协调。

第四，促进系统创新活动。生态产业链是一项系统创新工程，它要以技术创新为基础，以生态经济为约束，通过探讨各产业之间"链"的链接结构、运行模式、管理控制和制度创新等，找到产业链上生态经济形成的产业化机理和运行规律，并以此调整链上诸产业的"序"与"流"，建立其"产业链层面"的生态经济系统；再以该系统为牵动，在相关产业内部，调整其"流"与"序"，形成"产业层面"的生态经济系统；最后，生态产业链应该是在上述两个层面上系统的交集，它要通过链的设计、开发与实施，将技术创新、管理创新和制度创新有机地融为一体，开创一种新型的产业系统。

2. 生态产业链设计的理论依托。

生态学的"关键种"理论、食物链及食物网理论、生态位理论、生物多样性理论和生态系统耐受性理论在生态产业链建设中具有综合指导作用，是发展生态产业的理论依据。运用这些理论可以指导人们构筑企业共生体和生态产业链、提高企业竞争力和工业生态系统的稳定性，合理规划生态工业园区，使建立的生态工业网络不是自然生态系统的简单模仿，而是集物质流、能流、信息流等的高效生态系统。

（1）关键种理论。关键种理论应用于生态产业链设计，就是要求设计人员选定好"关键种企业"作为生态工业园的主要种群和核心企业，以构筑企业共生体。"关键种企业"是指这样一些企业：在企业群落中，它们使用和传输的物质最多、能量流动的规模最为庞大，带动和牵制着其他企业、行业的发展，居于中心地位，对构筑企业共生体、对生态工业园的稳定起着关键的、重要的作用。这些"关键种企业""废物多"、能量多、横向链长，纵向联结着第二、第三产业，带动和牵制着其他企业、行业的发展，是园区内的链核，具有不可替代的作用。一般来说，"关键种企业"反映所在生态工业园的特征。因此选定"关键种企业"构筑企业共生体，是建设和发展生态产业链的关键。

（2）食物链（网）理论。食物链及食物网理论指导人们模仿天然生态系统、按照自然规律规划工业系统。从生态系统角度看，工业群落中的企业存在着上下游关系，它们相互依存、相互作用。一般来说，根据企业的作用和位置不同，可以将企业分为生产者企业、消费者企业和分解者企业三类，每类企业具有不同角色：一个企业产生的废物（或副产品）作为下一个企业的"物"（原料），形成企业"群落"（工业链），从而形成类似自然生态系统食物链的生态产业链。

在规划生态产业链时，依据食物链（网）理论，通过对区域内现存企业物质流、能量流、水流、"废物"流以及信息流进行重新集成，依据物质、能量、信息流动的规律和各成员之间在类别、规模、方位上是否匹配，在各企业门类之间构筑生态产业链，横向进行产品供应、副产品交换，纵向连接第二、第三产业，形成工业"食物网"，实现物质、能量和信息的交换，完善资源利用和物质循环，建立生态工业系统。同时还可引入高新技术、新产品，延伸各条产业链，形成新的经济增长点，最终可提升整个生态工业园的竞争实力。

（3）生态位理论。生态工业园的生态位是指其可被利用的自然因素（气候、资源、能源等）和社会因素（劳动条件、生活条件、技术条件、社会关系等）在区域竞争形成的地位。生态工业园的生态位一旦确定，就意味着建立了园区与园区、园区与区域、园区与自然界相互之间的地域生态位势、空间生态位势和功能生态位势，并以此形成生态工业园的比较优势。具有比较优势的生态工业园既有利于构筑生态产业链，有利于系统稳定，也有利于吸纳、驻留可赢利的企业，并使这些企业在不同范围和层面扩大潜在或已有的市场份额，避免由于不同园区定位雷同而造成的恶性竞争。生态位理论对提高生态工业园及园区内企业的对外竞争能力具有指导作用，明确生态工业园的生态位，有利于生态工业园区健康发展和培育特色。

（4）生态系统多样性理论。生态工业园的多样性也有利于工业系统的稳定。生态工业园的多样性就是指：生态工业园类型的多样性；园区内成员的多样性；产品种类、产品结构的多样性；园区企业物流、信息多渠道输入和输出；园区内管理政策的多样性；园区景观的多样性等。

（5）生态系统耐受性理论。生态工业园作为可持续发展的实践形式，要达到对环境的影响最小，使环境负荷不超过环境容量范围，就要在规划生态工业园区时，充分考虑产业结构和产品结构是否合理，园区内企业的数量和规模是否合理，还要充分考虑物质、能量流动的数量、质量和方向，在保证各条产业链有足够资源的情况下，不超过资源可利用的阈值；并在分析生态系统生态阈值的基础上，使产业链的发展与其所处的生态系统和自然结构相适应，以符合生态系统耐性定律。

3. 生态产业链设计的方法。

第一，主导产业链优选。首先，依据园区特点，因地制宜，优选出突出地方产业优势或反映园区产业建设主题的主导产业链；其次，在主导产业链中，根据关键种原理，优选出"关键种企业"，"关键种企业"就是能源、资源和水消耗较大，废物和副产品排放量大，对环境影响较大且带动和牵制着其他企业、行业发展的重点企业；最后，优选出"关键种"企业后，分析其工业代谢补链，并对其进行生态产业链设计。

第二，引入补链企业。分析以"关键种企业"为核心的主导产业链，以其副产品和废弃物利用为目标，有针对性地引入补链企业或工厂，把主导产业链产生的副产品和废弃物作为补链企业的原材料，延伸主导产业链，构建生态产业链。引入的补链企业作为生态产业链的一个重要节点，其生产规模应匹配产业对接的企业，并建立长期合作伙伴关系。同时，补链企业在满足其对接企业的前提下，应建立原材料多方供应渠道，以满足长期生产的需要，并稳定生态产业链。

第三，横向共生、纵向耦合。依据生态系统中的结构原理，生态产业链的设计要本着促进企业内部或企业间成横向共生、纵向耦合的原则，利用不同企业之间的共生与耦合以及与自然生态系统之间的协调来实现资源的共享，物质、能量的多级利用以及整个园区高效产出与可持续发展。只有这样，才能达到包括自然生态系统、工业生态系统、人工生态系统在内的区域生态系统整体的优化和区域社会效益、经济效益、环境效益的最大化。

4. 生态产业链的建设模式。

依据生态工业园区主导产业链的行业性特征，生态产业链的建设模式可以分为两种。

（1）产业链主导型模式。产业链主导型模式是指产业园区的主导产业链行业特征明显，主导企业能够根据行业产业链中物质、能量、废水、信息等的交换模式，采取纵向一体化策略，通过在不同工艺间建立起能够将各种废弃物和排放物作为投入物的产业链，最大程度地实现"零污零排"，这样不仅可以延长产业链，还可以多环节地实现价值增值。当然，这种产业共生链也要注意产业的横向联合，在最大程度上实现副产品或废弃物的资源化利用。例如广西贵港国家生态工业（糖业）示范园区、沱牌酒业和上海化学工业区等，都是这种类型的典型实例。

（2）产业共生型模式。产业共生型模式是指产业园区由存在废弃物交换的不同行业的产业链组合而成，对现有经济技术开发区和高新技术开发区改造的生态工业园区，大多属于这种类型。

产业同质的园区，由于产业分布单一，各企业往往都具有相同的副产品和废弃物，为了达到规模经济效益，可以通过绿色招商的形式，在园区中引入能够利用这些副产品和废弃物作为投入品的企业。但有些园区内高新技术企业所占比例很高，入园企业主要在电子信息、生物制药等行业，其环境标准一般都高于平均水平，有些甚至远远超过地区环境标准，而且这类企业本身对环境的要求很高，废弃较少，排放对环境影响不大，因此可以将其视为清洁生产。如果多数高新技术企业都实行了清洁生产，则这类园区就应将推行循环经济的重点放在资源共享和提高服务水平上面，如能源和水的集中供应、信息的集成共享，以及在园区中加强环境净化和提供优良的社区服务等。产业共生型模式的建设重点：一是纵向延伸主导产业链，通过物质替代、源头削减、工艺过程改进、废弃物循环利用等措施，核心主导产业在资源使用、生产工艺、流程设计、产品设计等方面形成明显优势，将主导产业链做长、做强；二是横向拓展寄生企业的废物利用链，围绕主导产业建立起废弃物或副产品的交换关系和能量、废水的梯次循环利用。

第七章　西部生态化城镇建设的支撑体系和评价体系

一、西部生态化城镇建设的支撑体系构建

生态化城镇作为人与自然和谐发展的新型城镇发展模式，越来越受到人们的关注和重视，日益成为各地进行新型城镇化建设的首选目标，这既符合当今世界城市发展的潮流，也代表了未来城市发展的方向，更是解决城市环境危机、摆脱城市生态困境的最佳途径。

为了在理论上做好铺垫，国内外学者从不同角度对生态化城镇建设进行了研究，并形成跨学科、多领域交叉的研究趋势。然而，生态化城镇建设作为一项庞大而复杂的系统工程，要搞好建设，首先需要找准支点，理清建设思路，构建起合理可行的支撑体系。为此，我们在总结学界理论研究成果和地方政府实践经验的基础上，结合西部地区社会现实需要，选择性地提出生态化城镇建设的支撑体系应包含支撑内容、支撑主体、支撑途径及支撑目的四个方面。

（一）西部生态化城镇建设支撑体系的基本内容

生态化城镇建设支撑体系的基本内容主要包含生态行为文明、生态制度文明以及生态价值文明三项内容，即以生态行为文明建设为前提和基础，以生态制度文明建设为保障、以生态价值文明建设为目标，三者相互促进、互为补充。

1. 以生态行为文明建设为前提和基础。生态行为文明建设需要人们转变现有的生活方式和生产方式，走可持续发展之路。表现在生活方式上，要求人们树立理性的生活思维，主动以实用节约为原则，以适度消费为特征，抛弃奢侈浪费的生活习惯，追求生活需要的适度满足，崇尚精神和文

化享受，避免对生活资源的浪费性使用，承认自然价值并善于保护生态环境，最大限度地打造山清水秀、天高云淡的生活环境。在生产方式上，要求人们树立绿色、循环、低碳的发展理念，切实转变经济发展方式，大力发展生态工业、生态农业、生态旅游业，坚定不移地走新型工业化道路和新型城镇化道路，建设高效的生态产业体系，高效利用资源和能源，合理布局产业结构，努力实现清洁生产和资源的多级循环利用，提高经济效益和生态效益。

2. 以生态制度文明建设为保障。生态制度文明建设要求新型城镇化建设立足于合理可行的政策环境和体制机制之上，为此，生态法律法规、生态产业政策、生态技术创新政策、环境管理制度和环境政策体系的优化和完善是重中之重，因为它们不仅是推进生态化城镇建设的重要依托，也是生态环境保护的最后屏障。不仅如此，还应逐步形成反映市场供求关系、资源稀缺程度、环境损害成本补偿的生产要素和资源价格形成机制，实行有利于生态效益和经济效益双赢的财税制度，建立健全资源和排污权有偿使用的制度以及生态环境损害补偿机制。

在法律法规完善的基础上，还应强化司法保障和行政执法力度，通过建立健全环境司法和环境行政执法监督，从制度上保障生态化城镇建设的顺利推进。另外，应改革现行的政府政绩考核机制，将绿色 GDP 和生态建设成果纳入干部考核评价体系，作为干部的考评晋升和要素。

3. 以生态价值文明建设为目标。生态价值文明要求城市建设成果具备一定的城市生态价值，城市生态价值的自然基础是生态系统，一方面要求生态化城镇具有资源的属性，能满足人们的某种自然需要和使用价值需要；另一方面要求生态化城镇具有生态的特殊价值，具体包括环境价值、认知价值、审美价值、生命维持价值、社会政治价值等。

（二）西部生态化城镇建设支撑体系的主体

生态化城镇建设主要由政府、企业和民众三大主体构成，三者在生态化城镇建设中具有不同的职能和作用。一般来说。生态化城镇建设应以政府为主导、以企业为依托，并最终实现民众的广泛参与和成果共享格局。

1. 以政府为主导。一般来说，政府行为在整个社会行为体系中属于主导和核心地位，对各微观主体的行为具有导向性。由于建设生态化城镇是一项有利于千秋万代的挑战性工作，涉及利益调整，不依靠国家力量，不运用公权力根本无法完成，也无法预知和把握政策行为将在何种程度上决定城市建设的质量和水平，因此，生态化城镇建设应坚持以政府为主导。政府应主动明确自身的功能定位，积极转变职能，通过制度设计和制度创新，强化政府的综合指挥和协调能力，营造有利于生态化城镇建设的制度环境与社会环境。

2. 以企业为依托。企业是城市经济建设的基本单元，是城市经济发展的主要力量。在资源短缺和环境污染的双重压力下，要建设生态化城镇，就要以企业为依托，在"3R"原则指导下，通过企业的清洁生产和资源的循环利用来实现绿色、循环、低碳的发展目标，这不仅是企业的重要使命，也是增强企业竞争力的重要渠道，更是企业走新型工业化道路，实现和持续发展的重要途径。

3. 以民众为参与对象。生态城市建设应实现民众的广泛参与。民众是生态化城镇建设的最终受益者，也是生态化城镇建设的主要社会力量，因此，在生态化城镇建设的伟大创举中，应通过物质和精神两种激励手段，最大限度地激发民众的建设热情，鼓励民众广泛参与。因此，应通过提升民众的使命感，强化民众的责任感与认知度，拓宽民众的参与途径，优化民众的建设成果分享感来充分调动全社会的参与力量，最终形成"政府主导、企业依托、全民参与、根植基层、覆盖全社会"的生态化城镇建设格局。

（三）西部生态化城镇建设支撑体系的实现途径

建设生态化城镇，一般应通过经济、政治、文化三种途径来实现。通过生态经济途径，发展循环经济，实现经济的可持续发展；通过生态民主途径，激活生态民主治理，建立良好的政治生态环境；通过生态伦理途径，凝练和提升民众的生态伦理价值意识，促进和谐稳定社会氛围的形成。

1. 生态经济途径。生态经济是一种全新的经济发展模式，可以实现经济增长与环境保护，物质文明与精神文明，自然生态与人类生态的高度统一，它所具有的绿色、循环、高科技和永续性的经济发展特点，是建设生态化城镇必须选择的经济发展方式。

2. 生态民主途径。生态民主是一种包容性民主，是节约能源资源，强调多元参与，实现人与人、人与社会、人与自然良性互动的民主模式。其特点是关注公共利益，提倡可持续发展与环境保护，强调人与自然的和谐共存。其目的是通过生态治理，使民主从善政走向善治的道路；通过民主协商的路径，实现社会公正，最终实现人与人、人与社会、人与自然的平等共存。

3. 生态伦理途径。生态伦理是人类处理自身及其与周围的动物、环境和大自然等生态环境关系的一系列道德规范，是人类在进行与自然生态有关的活动中所形成的伦理关系及调节原则。在生态化城镇建设的背景下，生态伦理观要求人们树立崭新的生态意识，自觉规范人们对自然的行为，启迪人们的道德悟性，公正地对待自然和人类自身，使人类与自然的关系和谐有序，进而推动人类与社会关系的和谐有序。

（四）西部生态化城镇建设支撑体系的依托基础

生态城镇建设就是在生态系统承载能力范围内运用生态经济学原理和系统工程方法改变生产和消费方式、决策和管理方法；因此，要建设生态化城镇的支撑体系，就要寻找到支撑体系的依托基础，就要挖掘城镇内外一切可以利用的资源潜力，建设经济发达、生态高效的产业；就要建设体制合理、社会和谐的生态文化；还要建设生态健康、景观适宜的环境，使城镇建设最终实现系统化、自然化、经济化和人性化。具体来说，就要做好以下六个方面的建设。

1. 生态卫生建设。利用生态学原理通过经济可行和与人友好的生态工程广泛回收处理工业生活废物、污水和垃圾，减少空气和噪声污染，以便为居民提供一个整洁健康的生活环境。如在垃圾处理上实施分类处理，建立有机垃圾发电、沼气池等，既可用电照明，又可把池渣送入农田作为有机肥料，使其多级利用，变废为宝。

2. 生态安全建设。主要包括水安全（饮用水、生产用水和生态服务用水的质量和数量）；食物安全（动植物食品、蔬菜、水果的充足性、易获取性及其污染程度）；居住安全（空气、水、土壤、光的面源、点源和内源污染）；减灾（地质、水文、流行病及人为灾难）；生命安全（生理、心理健康保健，社会治安和交通事故）的建设。利用生态学原理和现代技术创造安全的生活条件。

3. 生态产业建设。利用城镇生态系统原理和现代生物技术、工业技术使各产业在生产、消费、运输、还原各环节通过调控形成系统耦合；工业生产与周边农业生产及社会系统和谐统一。生态资源合理分配流动形成种养加多级利用的生物链，并建立完善的生态补偿机制，从而建立良性循环的现代化工业产业。

4. 生态园林建设。生态园林建设主要是指以生态学原理为指导（如互惠共生、生态位、物种多样性、竞争，化学互感作用等）所建设的园林绿地系统，在这个系统中，乔木、灌木、草本和藤本植物被因地制宜地配置在一个群落中，种群间相互协调，有复合的层次和相宜的季相色彩，具有不同生态特性的植物能各得其所，能够充分利用阳光、空气，土地空间、养分、水分等，构成一个和谐有序、稳定的群落，它是城市园林绿化工作最高层次的体现，是人类物质和精神文明发展的必然结果。

5. 生态景观建设。利用系统的生态工程方法和现代建筑技术工艺，遵循整合性、和谐性、流通性、自净性、安全性、多样性和可持续发展性等科学原理，搞好城镇的生态规划，建设生态建筑，减轻"热岛效应"、水资源耗竭及水资源恶化、温室效应等环境影响，做到保护与开发并重，实现物理形态、生态功能和美学效果上的和谐统一。

6. 生态文化建设。生态文化是社会政治文明、精神文明、和物质文明在自然与社会生态关系上的具体体现，是生态建设的原动力。它具体表现在管理机制、政策法规、价值观念、生产方式、消费方式的和谐性。生态文化建设就是利用城市的人文景观、历史渊源、管理体制、政策法规去影响人的价值取向、行为模式，启迪人性希望的天人合一的生态境界，将个体的动物人、经济人改造成生态人、智能人，引导人积极向上，形成健康文明的生产、消费方式。塑造一类新型的企业文化、消费文化、决策文化、社区文化、媒体文化和科技文化。实现生态硬件（资源、技术、人才、资金），软件（规划、管理、体制、政策、法规），心件（人的能力、素质、行为、观念）三件合一，以促进人性的全面解放和人的全面发展。

通过以上六项建设，进而促进传统经济向资源型、知识型、网络型高效持续的生态经济转型，促进城乡区域环境向绿化、美化、净化、活化的可持续生态化演进；促进传统生产、生活方式及价值观念向环境友好、资源高效、系统和谐、社会融洽的生态文化转型，实现生态化城镇的建设目标。

（五）西部生态化城镇建设支撑体系的实现目标

城镇的可持续发展是生态化城镇建设的最终目的，这由人类的社会属性所决定。可持续发展是人口增长趋于平稳、经济稳定、政治安定、社会秩序井然的一种社会发展形态，它不仅指物质资源的可持续，更应指生态环境的改善、社会经济的发展以及人的精神文化的提升三个方面的内容。为此，生态化城镇建设支撑体系的实现目标，可以概括为以下三个方面。

1. 生态环境的改善。通过生态化城镇建设，最终实现城镇生态环境改善的目标。城镇生态环境的改善主要表现在：城市发展以保护自然生态为基础，城镇发展速度及规模与自然生态环境的承载能力相协调，自然资源得到高效、合理利用和保护，城市具有良好的环境质量和环境容量，自然生态系统及其演进过程得到最大限度的保护。具体可以用城市的环境质量、能源资源的利用率、城市公共基础设施建设、城市空间规划布局、城市居民生活品质等方面来衡量。

2. 社会经济的发展。通过生态化城镇建设，最终实现城市社会经济协调可持续发展的目标。一般来说，社会经济的协调可持续发展是生态化城镇建设与发展的基础，也是其主要目的，主要表现有两点：一是经济的协调可持续发展主要表现在经济水平的提高、经济效益的增强、经济结构的优化和经济发展的稳定与持久；二是社会的协调可持续发展，集中体现在两方面即代内公平和代际公平和消除贫困、合理配置资源、维持整个社会资源的共享及人的共同发展。

3. 精神文化的提升。通过生态化城镇建设，最终实现人的精神文化的全面提升。一方面通过正确的道德宣传，教育人们走出"人类中心主义"的褊狭误区，引导人们逐步形成正确的生态伦理价值观，主动认识自然价值，帮助民众树立自觉的生态保护意识，提升民众的生态文化水平，培育有利于人类可持续发展的清洁生产观念和适度消费、绿色消费的低碳生活方式。另一方面通过弘扬生态文化、塑造城市生态品牌，将生态文明的内涵贯穿和渗透于生态化城镇建设的各个方面，不断提升城市的生态文化品位，丰富和拓展城市的生态文化内涵，以特色鲜明的生态文化符号彰显城市个性，塑造高端的城市生态文化形象，最终为民众提供一个个宜居、宜业、宜发展的人类聚居区，为多样性生物提供适宜健康生存的环境。

二、西部生态化城镇建设效果的评价指标体系构建

生态化城镇建设评价指标体系的构建，是进行生态化城镇建设的基础性工作，它一方面可以将生态可持续的发展理念具象化在实践中，作为指导城镇建设的客观准则和决策指导，另一方面，可以对生态化城镇建设过程中可能出现的问题和结果进行及时评价和改善。一般说来，评价指标体系构建的内容包含有构建原理、原则、体系架构及数据处理方法等主要内容。

（一）生态化城镇建设评价指标体系的构建原理

当前，生态化城镇建设评价指标体系的构建原理，主要包含以下两种：一是将城镇作为一个系统的生态结构进行研究，通过对城市生态系统内部各个子系统的研究，将评价指标划分为经济生态、社会生态和自然环境生态三大部分，并以此作为三大主要评价指标。它通过生态城镇社会、经济和自然环境等各个子系统之间的对比，对城镇的发展趋势进行适当的调整；另一种是在生态城镇复合系统的基础上，进行更细化或者统筹的划分，如从城镇生态系统的结构、功能和各部分之间的协调度等方面建立评价指标，对生态化城镇进行评价。它是将城镇作为一个独立的系统看待，对城镇的结构、协调度和功能等特性进行分析，并对建设进行判断和对可能出现的问题提出解决措施，目的是促进生态城镇健康发展。

（二）生态化城镇建设评价指标体系的构建原则

1. 科学和可操作性原则。科学性是指评价指标需要注重理论的科学和完整，在概念的设定、指标系数的确定、数据的选择和处理等方面都要建立明确的科学理论依据，保证建立在评价指标体系上的评价可以科学、准确、客观地反映生态化城镇建设的程度和问题；可操作性是指设计出的评价指标要有利于数据的收集和处理，有利于社会各界理解和认识，避免过于专业的设计导致在实际工作中难以实现。

2. 主次原则。生态化城镇建设内涵丰富，评价指标众多，评价体系的设计应该根据指标的重要性做出排序，并能有效契合当前城市生态建设的发展程度，对具有代表性和重要性的主要指标提高权重和所占比例，从而有利于

对整个评价指标体系进行控制。

3. 动静结合原则。评价指标体系既要能够反映出城镇生态建设某一节点的发展水平，又要可以反映生态化城镇建设的发展趋势。从空间和时间两个方面对城镇生态建设水平进行评价，并随着城镇建设的不断推进而动态调整变化过程。

（三）生态化城镇评价指标体系的架构依据

1. 以城镇的结构、功能和协调能力为主的架构。将城镇发展的结构、功能和协调发展能力作为描述生态化城镇的三个一级指标，将三个指标以下所包含的指标作为二级指标。如城镇结构指标以下包含人口结构、环境结构、基础设施结构和城镇绿化结构等；城镇功能指标以下包含资源配置、生产效率等；城镇协调发展能力以下包含城市文明、社会保障和可持续发展能力等。

2. 以城镇的经济、社会和自然为主的架构。以城镇发展的经济、社会和自然因素作为一级指标，以各自下辖的子因素作为二级指标。如经济因素包含经济实力、经济效益、经济结构等；社会因素包含人口指标、基础设施、生活质量、社会保障和教育医疗等；自然因素包含城镇环境、绿化和污染治理等。

3. 以城镇的可持续发展为主的架构。以城镇经济的可持续发展、社会的可持续发展和环境的可持续发展作为一级指标，强调以发展的眼光对生态化城镇建设进行评价，对城镇的可持续发展现状和潜力进行分析和评价。经济可持续发展包含经济发展动力、经济结构、资源利用和保护等；社会可持续包含人口结构、人才培养、基础设施和信息技术水平等；自然可持续包含环境保护、再生资源开发利用等。

（四）生态化城镇建设评价指标体系的数据处理

1. 数据标准化处理。数据的标准化处理是为了实现不同类型的生态化城镇评价指标的统一，使其可以更好地进行相互对比并指导操作。标准化处理的方法一般为，将原始数据与某一固定值之间进行对比，从而得出一个相对于该固定值的无量纲值。这种方式的缺点就是固定值的选择需要根据指标最大和最小值经过公式计算获得，但在实际上指标最大最小值难以确定且处于变化状态，一般的做法是依据研究者的经验进行选择和设定。

2. 指标分级的确定。根据不同城镇和不同生态建设所处的时期，需要对各项指标的分级标准进行实时调整。当前的指标分级确定方法主要包含有变异系数权重法、层次分析法和因子分析法等。变异系数法需要对历史数据进行分析和规律总结，需要保证历史数据的准确和完整。层次分析法是通过计算、经验总结和矩阵判断等对二级指标首先进行权重，再对相对应的一级指标进行权重。

生态化城镇建设是当前我国城市镇建设的主流取向，评价指标体系的建立，是一个逐步探索和渐进成熟的过程，需要在理论和实践方面进行不断积累才能完善，真正为生态化城镇建设提供理论基础。

三、西部地区生态化城镇建设评价指标体系设计

近年来，中国的新型城镇化和新型工业化进程不断加快，但城镇化发展不平衡，东西部地区之间的发展差距突出表现在城镇化发展水平上，西部地区的城镇化水平不仅低于东部地区，也低于全国平均水平。由于经济发展缓慢，不仅西部地区的大中城市发展形势不容乐观，就业压力大，即使中小城镇，也存在着数量较少、密度偏小和规模不大且发展缓慢等问题。尤其重要的是，长期的粗放型经济发展模式，使西部地区在推进城镇化的同时，也出现了大面积的资源环境问题，如一些珍稀物种濒临灭绝、部分不可再生资源枯竭、环境污染严重、生态问题突出等。这些问题使西部地区的城镇化面临诸多制约，亟待探索一种全新的城镇化发展模式来破解难题，生态化城镇的提出和实践为西部地区提供了可资借鉴的新型城镇化路径。由于西部地区的特殊性，这些初步形成的评价体系难以对西部地区的城镇进行针对性和恰当性评价，为此，我们需要从西部地区的特殊性出发，在吸纳国内外有关生态城镇评价指标构建原则的基础上，探索出一套比较适用于西部地区生态化城镇建设的动态评价指标体系。

（一）西部生态化城镇评价指标体系的设计出发点

1. 有关生态化城镇的理解。在生态化城镇评价指标体系的研究中，研究者关于生态化城镇的理解有三种代表性观点：第一种观点认为生态化城镇是指按生态学原理建立起来的一类社会、经济、自然协调发展，物质、能量信息高效利用，生态良性循环的人类居住地。该观点是以领域分类的角度对城

镇进行认识，它的核心诉求是强调城镇经济增长与人口、生态环境之间的协调和可持续发展。第二种观点认为生态化城镇应该是结构合理、功能高效和生态关系协调的城镇生态系统。该观点是以生态学方法作为研究城镇发展的基本理论视角，核心诉求是强调城镇作为一种独特的生态系统，承担着复杂的生态使命。第三种观点认为生态化城镇的本质应该是城镇经济、社会、环境系统的生态化。该观点强调了从发展的角度认识生态化城镇，核心诉求是将生态化城镇看做建设目标和建设过程。相较于前两种观点，它更富有动态色彩，对评价体系的指标设置产生影响。当然，三种观点尽管表述不同并各有侧重，但它们在一点上是一致的，即生态化城镇的内涵与城镇可持续发展在核心理念上高度一致。与传统城镇相比，生态化城镇建设主要强调以下几大诉求。

（1）和谐性。首先是人与自然和谐共处，自然、人共生，人回归自然、贴近自然，自然融于城镇；其次是人与人和谐相处，社会稳定，人心安定。其中，文化是生态城镇最重要的功能，文化个性和文化魅力是生态城镇的灵魂。可以说，和谐性是生态城镇建设的核心内容。

（2）高效性。与"高能耗""非循环"的传统型城镇运行机制不同，生态化城镇要求提高一切资源的利用效率，做到物尽其用，地尽其利，人尽其才，各施其能，各得其所，物质、能量得到多层次分级利用，废弃物循环再生，各行业、各部门之间的共生关系协调。

（3）持续性。它以可持续发展思想为指导，兼顾不同时间、空间，合理配置资源，公平地满足现代与后代在发展和环境方面的需要，不因眼前的利益而用"掠夺"的方式促进城镇暂时的"繁荣"，保证城镇发展的健康、持续、协调。

（4）整体性。生态化城镇不是单单追求环境优美或自身的繁荣，而是兼顾社会、经济和环境三者的整体效益；不仅重视经济发展与生态环境协调，更注重对人类生活质量的提高，它强调在整体协调的新秩序下寻求发展。

2. 生态化城镇建设评价指标体系的设计出发点。到目前为止，国内对生态化城镇建设指标体系的研究可大致分为两大类：一类是从城镇作为一个复合生态系统角度出发，通过对城镇所涵盖的各个子系统的分析，将生态化城镇综合评价进行指标分解。最基础的分解方式是将指标体系分为经济生态指标、社会生态指标和自然生态指标三大指标作为一级指标，并对一级指标进行进一步划分，设立二级和三级指标。另一类是基于对城镇生态系统的分析，从城镇生态系统的结构、功能和协调度等三方面建立生态化城镇的评价指标体系。这两类体系各自的特点在于：前者可以通过比较生态化城镇经济、社会、自然等子系统的发展状况，找出城镇发展的优势劣势，以便今后工作中有所侧重。后者则将城镇生态系统看作一个整体，通过分析其结构、功能、协调度而建立，依据它可以很快诊断出整个城镇生态系统发展中存在的障碍，并从生态学角度找出促使其良性循环发展的对策。

（二）生态化城镇评价指标体系的设计原则

1. 全面性原则。评价指标应该能够全面而客观地反映一个城镇的整体综合实力和发展方向。城镇是一个以人为主体、以自然环境为依托、以经济活动为基础且社会联系极为密切的有机整体。由于城镇自身具有的复杂性和综合性特点，用以评价生态化城镇的指标体系是否全面和完备，层次结构是否清晰合理，不仅直接关系到评估质量的好坏，而且对城镇的发展趋势和方向也会产生至关重要的影响。因此，必须从多个方面和角度选择具有代表性的全面反映城镇综合实力的指标，以满足评价和比较的科学性和系统性。

2. 可比性原则。城镇的范围不同，反映城镇的指标来源和含义也不尽相同。因此作为评价生态化城镇的指标体系，应该具有相同的定义，无论在空间上还是时间上，均应保持恒定不变。如城市统计有全市和市辖区县之分，全市指全部城市行政区域，包括市辖县，其地域大小不一且经常变动，不具有可比性。而市辖区表示城市中心区域，是城市各项功能的主要集聚地，对城市的发展起决定作用，且一般较为稳定，而市辖县的情况就较为复杂。因而，市辖区资料具有横向和纵向的可比性，故而在确定类似指标时应注意具体指标的含义界定一定要清晰，以满足可比性要求。

3. 科学性原则。用来评价生态化城镇的指标体系必须要建立在科学分析的基础上，客观准确地反映生态化城镇的本质特征和复杂性，以及生态化城镇建设的质量水平。一般来说，评价指标体系是否科学，最主要的标准就是该指标能否实现量化，对一些更为理想的指标，如平均预期寿命、高新技术指标等，因为无稳定的统计来源或无法进行量化计算而不能列入评价指标体系，这显然对整个指标体系的完整性有一定影响。因此，对于指标体系的编制这样一个系统工程来讲，需要严谨的、科学的、长期的反复修订和不断完善才能持续接近理想的境界，且需要统计工作的有效配合。

4. 前瞻性原则。建立生态化城镇建设评价指标体系的目的是为城镇建设和发展提供理论依据，它不仅要求反映城镇目前的建设状况和水平，更要规范和约束城镇演变的趋势和方向。因此，需要理清城市变迁的历史和所依托的经济、社会、人文、自然因素及众多因素之间的关系，以寻求城市改进和创新的思路。由于生态化城镇建设是一个长期的过程，评价指标体系要在相当长的时段内发挥引导作用，没有前瞻性是不可想象的。

5. 简明性原则。生态化城镇建设的含义广泛而复杂，完全建立起能够反映各方面要求的评价指标体系只是一种理想境界。即使能够建立反映全部方面的指标体系，该指标体系所包含的指标数量一定不少，而且指标之间也必然存在一定的相关性，或者含义相近的指标重复出现，不利于迅速对生态化城镇建设做出科学的评价。因此，应本着删繁就简的原则，在能够基本反映出生态化城镇建设要求的前提下，在指标选取时应尽量做到简明和高度概括，实现评价指标数目的最小化。

6. 特色性原则。由于研究对象定位于西部地区的生态化城镇，相对于一般的生态化城镇建设评价指标体系，在指标体系的设计和选取上应更加注重西部特色，如城镇建设的生态基础、地域特色、环境特点、文化传统、生活习惯、民族利益诉求、民族文化差异、民族区域自治要求等，使设计出的评价指标体系具有明显的区域特色。同时要使评价指标体系具有一般性，能够全面衡量生态化城镇建设的普遍形态，将不同区域的生态化城镇建设纳入统一的建设标准之内，以增强评价指标体系的普适性。

（三）生态化城镇建设评价指标的体系构架

无论以哪种构建原理为基础，当前绝大多数生态化城镇评价指标所建立的体系构架均包含三个层次，其中一级指标是对生态城市综合评价目标的分解，二级指标是对相应的一级指标的描述，三级指标是评价指标体系的基础数据层。当前，不同评价指标体系间的规模相差极大，其三级指标数量从20个到100多个不等，很难有一个统一的度量标准。各评价指标体系的主要差异和区别集中在一级指标和二级指标的选取设计上。因此，这里对生态化城镇评价指标体系的构架主要着眼于对一、二级指标体系进行考察，主要的体系构架方式有以下几种模式：

1. 三个一级指标模式。

（1）将结构、功能和协调度作为描述生态化城镇的三个一级指标，其各自下辖的二级指标为：城市生态结构指标包括人口结构、基础设施、城市环境、城市绿化等；城市功能指标包括物质还原、资源配置、生产效率等；城市社会协调度指标包括社会保障、城市文明、可持续发展等。

（2）将经济生态、社会生态、自然生态作为描述生态化城镇系统的三个一级指标，其各自下辖的二级指标为：经济生态指标包括经济实力、经济结构、经济效益；社会生态指标包括人口指标、生活质量、基础设施、科技教育、社会保障；自然生态指标包括城市绿化、环境质量、环境治理。

（3）将自然状况、经济状况、社会状况作为描述生态化城镇系统的三个一级指标，其各自下辖的二级指标为：自然状况指标包括资源条件、生态环境；经济状况指标包括经济总体水平、城乡经济、发展能力；社会状况指标包括社会进步、科技教育、人口与城乡建设、政策与管理水平。

（4）将自然生态可持续发展指标、经济生态可持续发展指标、社会生态可持续发展指标作为描述生态化城镇系统的三个一级指标，其各自下辖的二级指标为：自然生态可持续发展指标包括生态建设、环境质量、污染控制、环境治理；经济生态可持续发展指标包括经济发展、经济结构、资源保护与持续利用；社会生态可持续发展指标包括人口发展、基础设施、生态质量、科技教育、信息化水平。

2. 四个一级指标模式。

（1）将社会生态子系统、经济生态子系统、基础设施子系统、自然生态子系统作为描述生态城市系统的四个一级指标，其各自下辖的二级指标为：社会生态指标主要包括人口状况、资源配置、社会保障；经济生态指标主要包括经济效益、经济水平、经济结构；基础设施生态指标主要包括交通系统、通信系统、供排水系统、能源动力系统、防灾系统；自然生态指标主要包括城镇绿化、环境质量、环境治理。

（2）将环境、资源、经济、社会作为描述生态城市系统的四个一级指标，其各自下辖的二级指标为：生态环境治标主要包括环境质量、环境状况和趋势、污染控制；资源指标包括资源质量、资源潜力、资源利用效率；经济发展指标包括经济总量、经济结构、国民经济比例及经济效益，社会发展指标包括社会基本状况、生活水平、文教体卫福等。

3. 四个子系统模式。

将资源支持系统、环境支持系统、经济支持系统、社会支持系统作为描述生态城市系统四个主要子系统，其各自下辖的二级指标为：资源支持指标包括科技水平、城市设施、城市资源；环境支持指标包括环境污染、环境治理、生态建设；经济支持指标包括经济规模、产业结构、经济推动力、经济效益；社会支持指标包括生活质量、社会安全、人口数量。

4. 五个一级指标模式。

（1）将资源支持、经济支持、社会支持、环境支持、体制和管理系统五个一级指标作为描述生态城市系统的三个一级指标，其各自下辖的二级指标为：资源支持系统指标包括科技资源、科技水平资源；经济支持系统指标包括经济水平、经济结构、经济运行效率、资源利用效率、经济推动力、经济竞争力；社会支持系统指标包括社会公平、健康保健、城市化、信息获得能力、住房、安全、生活质量；环境支持系统指标包括大气环境、地表水、固体废物、噪声、景观资源；体制和管理系统指标包括战略实施、综合决策、环境管理、科技投入、财政能力、公众参与。

（2）将活力、组织结构、恢复力、生态系统服务功能、人类健康状况五个一级指标作为描述生态城市系统的三个一级指标，其各自下辖的二级指标为：活力指标包括经济生产能力、水耗效率、能耗效率；组织结构指标包括经济结构、社会结构、自然结构；恢复力指标包括环境废物处理能力、物质循环利用效率、城市环保投资指数；生态系统服务功能指标包括环境质量状况、生活便利程度；人类健康状况指标包括人群健康文化、文化水平。

（四）生态化城镇评价指标体系研究中存在的问题

1. 指标选取缺乏地域特色。目前的研究强调指标的普适性和城市间的可比较性，其筛选的指标大都基于统计部门和地方政府部门的统计数据，无法反映城市间相异的特征性要素的状态水平。指标的选取和定值缺乏地域特色，刚性有余柔性不足，未能设计不同的指标体系用于评估和指导不同地区生态化城镇实践，体现生态城市的地域性和多样性。这对于我国这样一个不同区域间社会经济与自然环境差异均十分巨大的国家来说，显然是亟须改进的。

2. 评价指标体系缺乏动态性。尽管研究者认识到了生态化城镇建设的动态性要求，但是基于生态化城镇建设实践的不断反馈而变动的评价指标体系的系列研究还未见到。对这一不足如果不在未来研究中加以弥补，评价指标体系研究对生态城市的指导作用将大打折扣。

3. 指标间的关联性差。当前指标体系未能很好地反映出环境、经济和社会三者之间的有机联系，比如生态系统结构和功能特征与人类社会经济活动之间的联系；指标体系中对不确定性的考虑较为粗略，即未能体现出指标种类、阈值以及确定权重等过程中的"弹性范围"和"时空性"。

（五）西部生态化城镇建设评价指标体系的基本框架

1. 西部地区生态化城镇建成的主要标志。依据生态化城镇建设理论和实践经验总结，大致说来，西部地区生态化城镇建成的主要标志是：西部地区生态环境良好并不断趋向更高水平的平衡，环境污染基本消除，自然资源得到有效保护和合理利用；企业基本实现"清洁生产"，资源得到多级循环利用，废弃物排放趋于减弱；稳定可靠的生态安全保障体系基本形成，生态隐患基本消除；环境保护法律、法规、制度得到有效的贯彻执行，人们的生态自律意识基本形成；以循环经济为特色的社会经济加速发展，生态产业在国民经济中的比重不断提升；城镇体系结构合理，基本形成大城市群、中小城镇群、特色生态小镇功能互补，和谐共生的城镇体系；人与自然和谐共处，生态文化有长足发展；城市、乡村环境整洁优美，人民生活水平全面提高。

2. 西部生态化城镇的评价指标体系。结合西部地区的特点，西部地区的生态化城镇建设评价指标体系主要从经济发展、资源利用、环境保护、生活质量、智慧城市水平五个一级指标；经济水平、经济结构、经济进步、居民生活；能源消耗、水资源消耗、二次资源利用；大气环境质量、水环境质量、声环境质量、污染物排放强度、污染治理、环境管理、城市绿化、环保投资；基础条件、教育科技、社会保障；信息化水平、人口质量等 20 个二级指标；城镇居民人均可支配收入等 59 个三级指标构架评价指标体系，并侧重于对主要指标体系进行考察。

西部生态化城镇建设评价指标体系

一级指标	二级指标	三级指标	说明
经济发展	经济水平	城镇居民人均可支配收入	约束性指标
		农民年人均纯收入	约束性指标
		人均工业增加值	约束性指标
	经济结构	生态产业占 GDP 比例	约束性指标
		高新技术产业产值占 GDP 比重	约束性指标
		科技进步贡献率	约束性指标
	经济进步	人均 GDP	约束性指标
		人均 GDP 增长率	约束性指标
		人均财政收入变化率	约束性指标
		居民可支配收入变化率	约束性指标
	居民生活	恩格尔系数	参考性指标
		基尼系数	参考性指标
资源利用	能源消耗	单位 GDP 能耗	约束性指标
		规模以上单位工业增加值能耗	约束性指标
		可再生资源使用比例	约束性指标
	水资源消耗	单位工业增加值新鲜水耗	约束性指标
		农业灌溉水有效利用系数	约束性指标
		工业水重复利用率	约束性指标
	二次资源利用	工业固体废物资源化利用率	约束性指标
		生活垃圾资源化利用率	约束性指标
环境保护	大气环境质量	城市大气环境功能区空气质量达标率	约束性指标
		PM10 日平均浓度达二级标准天数	约束性指标
		二氧化硫日平均浓度达二级标准天数	约束性指标
	水环境质量	城市水环境功能区水质达标率	约束性指标
		集中式饮用水水源达标率	约束性指标
	声环境质量	环境噪声达标区覆盖率	参考性指标

续表

一级指标	二级指标	三级指标	说明
环境保护	污染物排放强度	万元 GDP 化学需氧量排放量	约束性指标
		万元 GDP 氨氮排放量	约束性指标
		万元 GDP 二氧化硫排放量	约束性指标
		万元 GDP 氮氧化物排放量	约束性指标
	污染治理	城市污水集中处理率	约束性指标
		城镇生活垃圾无害化处理率	约束性指标
		工业固体废物综合利用率	约束性指标
		城市清洁能源使用率	约束性指标
	环境管理	受保护地区占国土面积比例	约束性指标
		应当实施强制性清洁生产企业通过验收的比例	约束性指标
		公众对环境的满意率	约束性指标
		受保护地区占国土面积比例	参考性指标
	城市绿化	城镇人均公共绿地面积	参考性指标
		森林覆盖率	约束性指标
	环保投资	环境保护投资占 GDP 的比重	约束性指标
生活质量	基础条件	人均 GDP	约束性指标
		城市居民人均住房面积	参考性指标
		万人病床数	参考性指标
	教育科技	研究与发展经费占 GDP 比重	约束性指标
		科技投入占 GDP 比重	约束性指标
	社会保障	社会保险综合参保率	参考性指标
		甲乙类传染病发病率	约束性指标
		刑事案件发生率	约束性指标
		失业率	参考性指标
智慧城市水平	信息化水平	信息基础设施	参考性指标
		人均信息消费占总消费比重	参考性指标
		互联网、移动互联网使用人数占比	参考性指标
		城市智慧度、智慧城市发展水平	参考性指标
		智慧城市效益	参考性指标

续表

一级指标	二级指标	三级指标	说明
智慧城市水平	人口质量	城镇建成区人口密度	参考性指标
		人均预期寿命	参考性指标
		人口城乡比例	参考性指标
		人口自然增长率	参考性指标

主要参考文献

1. 刘则渊，姜照华. 现代城市建设标准与评价体系［J］. 科学学与科学技术管理，2001（4）.

2. O. Yanitsky. Social Problems of Man's Environment［J］. The City and Ecology，1987（1）：174.

3. Richard Register. Eco-city Berkeley：Building Cities for a Healthy Future［M］. North Atlantic Books，Calif，U. S. A，1987.

4. 黄肇义. 未来城市理论比较研究［J］. 城市规划汇刊，2001（1）.

5. 王璐，吴华意，宋红. 数字城市与生态城市的技术结合模式初探［J］. 湖北大学学报（自然科学版），2003.

6. 王如松，周启星，胡聃. 城市生态调控方法［M］. 北京：气象出版社，2002.

7. Yanitsky，The City and Ecology［J］. Nauka，Moscow，1987.

8. 澳大利亚城市生态协会网站资料［SB/OL］. http：//www. Urbanecology. org. /auwhyalla/EcoCitydefn. html.

9. 马世骏，王如松. 社会—经济—自然复合生态系统［J］. 生态学报，1984（9）.

10. 沈清基编著. 城市生态与城市环境［M］. 上海：同济大学出版社，2000.

11. Haberl H.，Erb K. H.，Kartlmsnna F. How to Acjeulate and Interpret Ecological Footprints for Iong Periods of Time：The Case of Austeia 1926～1995［J］. Ecological Economics，2001（38）：25－45.

12. 吴妤. 生态与循环型城镇建设的理论与现实研究［D］. 西北农林科技大学，2005.

13. 中新天津生态城：中国新兴生态城市案例研究［R］. 世界银行，2009（11）.

14. 于立. 中国生态城镇发展现状与问题探析［J］. 城乡建设，2012（7）.

15. 姜爱林. 中国城镇化理论研究回顾与述评［J］. 城市规划会刊，2002（3）.

16. 仇保兴. 灾后重建生态城镇纲要［J］. 现代城市，2008（4）.

17. 吴晓. 北欧生态型城镇的规划建设与思考［J］. 城市规划，2009（7）.

18. 王祥荣. 中外城市生态建设比较分析［M］. 南京：东南大学出版社，2004.

19. 吴琼，王如松，李宏卿. 生态城镇指标体系与评价方法［J］. 生态学报，2005（8）.

20. 于立. 中国生态城镇发展目标及指标体系内容初探［J］. 都市世界，2010（1）.

21. 魏后凯. 全面推进中国城镇化绿色转型的思路与举措［J］. 经济纵横，2011（9）.

22. 顾朝林. 经济全球化与中国城市发展：跨世纪中国城市发展战略研究［M］. 北京：商务印书馆，1999.

23. 李卓. 平遥县生态城镇建设研究［J］. 中国人口、资源与环境，2004（3）.

24. 欧阳志远. 从朱鹮保护现状看自然保护区的维护与发展［J］. 科技导报，2004（8）.

25. 程道品，刘宏盈. 桂林城市生态城市建设及开发［J］. 城市问题，2006（1）.

26. 吕逸新，黄细嘉. 生态化与生态化城镇建设［J］. 南昌大学学报，2005（2）.

27. 骆静珊. 安宁建成生态城市的优势分析［J］. 生态经济，2006（6）.

28. 刘卫东. 中国西部开发重点区域规划前期研究［M］. 北京：商务印书馆，2003.

29. 方创琳. 中国西部生态经济走廊［M］. 北京：商务印书馆，2004.

30. 杨中华. 海南生态省建设的实践与启示［J］. 求是，2004（10）.

31. 陈利章. 宁波生态市建设规划与实践［J］. 上海综合经济，2004（10）.

32. 陈久利. 杭州生态城市建设途径研究［J］. 地域研究与开发，2004（4）.

33. 字开春. 生态化城镇建设是大理经济发展的方向 [J]. 大理日报, 2010 – 1 – 9.

34. 陶阳等. 小城镇建设的发展方向——生态化城镇 [J]. 都市世界论坛, 2007 (7).

35. 安静, 马艳艳. 生态城市建设的指标体系研究 [J]. 中国新技术新产品, 2013 (12).

36. 谢华生, 包景岭, 孙贻超. 天津生态城市建设研究 [M]. 天津: 天津人民出版社, 2011.

37. 黄肇义, 杨东援. 国内外生态城市理论研究综述 [J]. 城市规划, 25 卷第 1 期.

38. 王峰. 生态与经济视角中的西部小城镇研究 [M]. 北京: 中国农业出版社, 2006.

39. 王宝刚. 国外小城镇建设经验探讨 [J]. 规划师, 2003 (11).

40. 张丽君, 张国华. 西部民族地区生态城市评价指标体系设计 [J]. 学习与实践, 2009 (7).

41. 刘晓鹰. 中国西部欠发达地区城镇化道路及小城镇发展研究 [M]. 北京: 民族出版社, 2008.

42. 姜太碧. 西部欠发达地区小城镇发展模式实证研究 [J]. 经济体制改革, 2005 (4).

43. 唐兴和. 甘肃新型城镇化道路研究 [J]. 兰州大学学报 (社会科学版), 2014 (42).

44. 田华贤. 西安市生态城市建设路径研究 [D]. 西安建筑科技大学, 2013.

45. 王菲. 中国西部民族地区生态城市发展模式探析 [J]. 中央民族大学学报, 2011 (5).

46. 赵国锋, 段禄峰. 西部地区生态城镇建设的理论、构想与路径 [J]. 现代城市研究, 2013 (4).

47. 于佳生, 宁小莉. 西部地区生态城市建设中的问题与对策 [J]. 现代城市研究, 2014 (5).

48. 朱运超, 任志远. 基于 GIS 和景观生态学的西部地区城镇建设用地扩展研究——以宝鸡市中心城区为例 [J]. 干旱区资源与环境, 2012 (4).

49. 朱晶. 西部地区城镇化进程中生态环境问题及对策 [J]. 人民论坛, 2016 – 4 – 15.

50. 曹艳梅, 丁冬梅, 马晶. 城镇化进程中西部推进低碳生态城市建设初探——以宁夏银川为例 [J]. 经济与社会发展, 2011 (9).

51. 李娇娇, 陈莉. 基于生态导向的西部六省新型城镇化协调发展评价 [J]. 广西财经学院学报, 2015 (10).

52. 喻开志, 赵东伟, 刘琪. 以四川省为例: 生态城镇化发展水平评价及对策研究 [J]. 国家行政学院学报, 2015 (4).

53. 秦美玉, 吴建国. 重点生态功能区民族城镇化发展评价指标体系构建研究——以四川羌族四县为例 [J]. 西南民族大学学报 (人文社科版), 2015 (10).

54. 袁成达. 中国生态城镇化建设道路研究 [D]. 北京大学政府管理研究中心, 2013 (7).

55. 李景源等. 中国生态城市建设发展报告 (2012) [M]. 北京: 社会科学文献出版社, 2012.

56. 孙伟平等. 中国生态城市建设发展报告 (2012) [M]. 北京: 社会科学文献出版社, 2012.

57. 崔建波等. 中国生态城市建设标准与评价模型 [M]. 北京: 社会科学文献出版社, 2012.

58. 包晓雯等. 中国生态城市形态结构设计与规划 [M]. 北京: 社会科学文献出版社, 2012.

59. 蒋涤非等. 城市生态可持续性及其支持系统评价研究 [J]. 生态环境学报, 2012 (12).

60. 曾桃红. 生态城市群评价指标体系和模型研究 [J]. 科技和产业, 2011 (7).

61. 李爱梅. 地域生态承载力评价模型构建与分析 [J]. 环境科学与管理, 2012 (3).

62. 张启銮等. 生态城镇评价模型及 10 个省级城市实证研究 [J]. 管理学报, 2012 (12).

63. 张坤民等. 生态城市评价指标体系 [M]. 北京: 化学工业出版社, 2004.